José Roberto Julianelli

Resolução de Triângulos

Um Resgate Histórico do ensino da Matemática

Editora Ciência Moderna

Resolução de Triângulos - Um resgate histórico do ensino da Matemática

Editor: Paulo André P. Marques

Produção Editorial: Dilene Sandes Pessanha

Capa: Daniel Jara

Diagramação: Daniel Jara

Copidesque: Equipe Ciência Moderna

FICHA CATALOGRÁFICA

JULIANELLI, José Roberto.

Resolução de Triângulos - Um resgate histórico do ensino da Matemática

Rio de Janeiro: Editora Ciência Moderna Ltda., 2022.

1. Matemática
I — Título

ISBN: 978-65-5842-183-2 CDD 510

Editora Ciência Moderna Ltda.
R. Alice Figueiredo, 46 – Riachuelo
Rio de Janeiro, RJ – Brasil CEP: 20.950-150
Tel: (21) 2201-6662/ Fax: (21) 2201-6896
E-MAIL: LCM@LCM.COM.BR
WWW.LCM.COM.BR

06/22

APRESENTAÇÃO

A dinâmica do conhecimento e a velocidade com que ele se desenvolve não podem ser questionadas de forma alguma. Principalmente nos dias de hoje, em que escrevo esse material, início do século XXI, quando a aceleração das inovações tecnológicas é um fato realmente admirável. Muitas informações estão à disposição de qualquer pessoa que deseja delas se apropriar. Daí é inevitável fazermos algumas indagações. Como utilizar essas informações de maneira produtiva? Como transformá-las em conhecimento agregado, ou como transferir essas informações de modo que elas cooperem para uma nova reflexão, que nos leve a um nível mais elevado de conhecimento, e nos ajude a desenvolver novas habilidades? Devido a essa extrema velocidade, o contato com situações do passado torna-se cada vez mais distante, e a tendência é utilizarmos os conhecimentos sem saber, ou nos preocuparmos em saber como eles chegaram até aqui. A noção de que alguém investiu tempo, em alguns casos, uma vida inteira, para descobrir alguma coisa, ou desenvolver uma teoria que ajudou a resolver algum problema importante, parece não estar presente na consciência das pessoas. Usamos a tecnologia, usamos resultados obtidos por alguém, e na maioria das vezes, não nos interessamos pelo resgate histórico daquilo que fazemos uso. Não quero dizer que as pessoas que agem assim estejam erradas. Nos dias de hoje o tempo é um bem escasso. Não temos tempo para quase nada, tendo em vista que as obrigações e exigências da vida moderna nos fazem viver quase robotizados, sem o hábito de refletir sobre nossas ações e sobre a nossa própria vida. No entanto, também considero que podemos valorizar e aprender com aqueles que, de alguma forma, no meio dessa correria insana, dedicam boa parte do seu tempo para fazer reflexões e pesquisas, na busca de resgatar as raízes de algum conhecimento que utilizamos hoje, ou até mesmo, de algum processo que foi deixado para trás devido exatamente ao desenvolvimento tecnológico a que nos referimos acima, mas que um dia (lá no passado) era a única ferramenta disponível para solucionar seus problemas concretos.

É exatamente este o objetivo do trabalho que desenvolvemos aqui. Fazer um resgate histórico de um método muito utilizado na metade do século XX, relacionado à resolução de problemas envolvendo triângulos, linhas trigonométricas e logaritmos. Talvez seja impensável, ou pareça estranho para os estudantes, sobretudo aqueles que se preparam para serem professores de Matemática, e até mesmo alguns que já exercem o magistério dessa disciplina, ouvir falar desses temas num mesmo instante. O que tem a ver logaritmos com linhas trigonométricas? O que tem a ver resolver problemas de triângulos com o uso dos logaritmos? Se você nunca ouviu falar disso, então esse material poderá lhe interessar. Para mim foi surpreendente fazer essas descobertas, depois de tantos anos de magistério, e nunca ter me debruçado para estudar esse assunto e descobrir coisas tão interessantes. Venha me acompanhar nessas reflexões!

INTRODUÇÃO

Há algumas décadas, encontrava-se nas edições dos livros de Matemática um enunciado que se iniciava dessa maneira: "resolva o triângulo, dados...". Recentemente encontrei esses problemas em quatro livros bem antigos: **Curso de Matemática**, 2º livro colegial, de Algacyr Munhoz Maeder, Edições Melhoramentos (2ª Edição/ 1948), **Matemática Volume I**, de Arlindo Clemente, Editora Ao Livro Técnico (1968), **Matemática para o Segundo Ano Colegial**, de Ary Quintella, publicado pela Companhia Editora Nacional (22ª Edição/ 1970) e **Curso de Matemática para os Cursos de Segundo Grau**, de Manoel Jairo Bezerra, publicado pela Companhia Editora Nacional (35ª Edição/1980).

Mas o que seria "resolver um triângulo"? O que se esperava que os estudantes daquela época respondessem diante de questões desse tipo? Esse material procura responder essas indagações relacionadas a problemas de Trigonometria e Geometria na segunda metade do século passado, pelo menos até a década de 80, de acordo com as publicações que serviram de base para essa pesquisa.

Do que pode ser extraído dos livros citados, "resolver um triângulo" consistia em resolver problemas de geometria plana em que eram dadas três informações acerca de um triângulo, por exemplo, dois ângulos e a medida de um dos lados, e o estudante deveria encontrar os outros elementos (nesse caso, o terceiro ângulo e os outros dois lados do triângulo), além de determinar a área do referido triângulo.

O que chama a atenção na resolução desses problemas é a utilização do logaritmo aplicado a algumas fórmulas que envolvem as razões trigonométricas – seno, cosseno, tangente e cotangente. Ao indagar alguns colegas professores de Matemática, acerca desses tipos de problemas, todos me disseram desconhecê-los, acrescentando que nunca tinham visto aplicações de logaritmos em problemas de geometria.

Passei então a pesquisar um pouco mais o assunto e decidi escrever esse pequeno livro, com o objetivo de fazer um resgate histórico do tema. Nesse trabalho, são apresentados alguns problemas chamados *clássicos,* utilizados na época, e suas respectivas soluções, explicando como podem ser utilizadas as *tábuas de logaritmos das linhas trigonométricas*.

Vale observar, contudo, que não estamos, de forma alguma, defendendo a volta dessa abordagem para alunos do Ensino Médio, tendo em vista o alto grau de dificuldade que as questões apresentam, além de hoje termos fácil acesso às calculadoras científicas, que ajudam a resolver esses problemas com grande eficiência. Contudo, consideramos interessante a apresentação desse tema a título de enriquecimento para professores de Matemática e licenciandos dos cursos de Matemática.

Sumário

1. RESOLVER O TRIÂNGULO: O QUE É RESOLVER UM TRIÂNGULO?

A resolução de um triângulo, segundo Algacyr Munhoz, *"consiste na determinação dos seus elementos desconhecidos em função dos que são dados"* (p.267, Ed.1948). Munhoz afirma que "*os processos geométricos empregados para esse fim são imperfeitos e carecem de precisão"* para justificar os métodos que serão utilizados mais adiante no seu livro. Vale salientar ainda, que logo no início do capítulo XVII, onde são introduzidas as funções trigonométricas, é afirmado que os elementos principais de um triângulo são seus lados e ângulos, e que um triângulo fica determinado quando são dados três desses elementos, *"dentre os quais figure, pelo menos, um lado"*. Nesse livro, a resolução de triângulos somente será tratada no capítulo XXIII, depois do estudo de toda a Trigonometria e do uso das tábuas trigonométricas. Da mesma forma, Arlindo Clemente e Ary Quintella desenvolvem em seus livros um vasto estudo sobre a utilização das tábuas trigonométricas, como base para os problemas de resolução de triângulos que foram tratados mais adiante. Nesse estudo eles apresentam a tábua trigonométrica e ensinam como elas devem ser usadas. Já o autor Manoel Jairo Bezerra apresenta um estudo bastante resumido do tema, sem se aprofundar muito no uso das tábuas trigonométricas. Devemos observar que todos os autores citados apresentam a resolução de triângulos basicamente de uma mesma forma. Iniciam com a resolução de triângulos retângulos, quando são apresentados quatro casos chamados *clássicos* e depois fazem o estudo para triângulos não retângulos, onde mais quatro *casos clássicos* também são analisados.

Para nos envolvermos com o tema propriamente dito, é necessário que sejam apresentadas algumas aplicações em que são calculados os logaritmos de linhas trigonométricas.

Por exemplo, como o leitor calcularia $\log(tg45^0)$? Certamente neste caso não teria qualquer dificuldade, visto que tg $45^0 = 1$ e $\log 1 = 0$. Bom, até aqui, tudo muito simples.

Também acreditamos que não haveria dificuldades para o cálculo do $\log_2(\cos 45^0)$, pois $\cos 45^0 = \frac{\sqrt{2}}{2}$ e daí teremos: $\log_2(\cos 45^0) =$

$$\log_2 \frac{\sqrt{2}}{2} = \frac{1}{2}\log_2 2 - \log_2 2 = 0,5 - 1 = -0,5$$

E para calcular $\log\ (sen60^0)$? Um pouco mais difícil, mas também simples de resolver, pois sabemos que $sen60^0 = \frac{\sqrt{3}}{2}$ e então devemos calcular:

$$\log\ \frac{\sqrt{3}}{2} = \frac{1}{2}\log 3 - \log 2\ .$$

Como é muito comum nos problemas que envolvem logaritmos serem dados, sem qualquer explicação, log 2 = 0,3010 e log 3 = 0,4771, podemos calcular:

$$\frac{1}{2}\log 3 - \log 2 = \frac{1}{2}0,4771 - 0,3010 = -0,0625.$$

Então log($sen60^0$)= $-0,0625$.

Mas como fazer para calcular log ($\cos 38^0$) ou log ($tg27^030'$) por exemplo? É exatamente neste ponto que vamos falar sobre a utilização dos logaritmos das funções trigonométricas e, em seguida, como essas ideias serão utilizadas na *"resolução de triângulos"*. Antes, porém, faremos uma breve revisão do cálculo de logaritmos de números reais positivos.

2. TÁBUA DE LOGARITMOS DAS FUNÇÕES TRIGONOMÉTRICAS

2.1. O QUE É UMA TÁBUA DE LOGARITMOS DE NÚMEROS INTEIROS POSITIVOS?

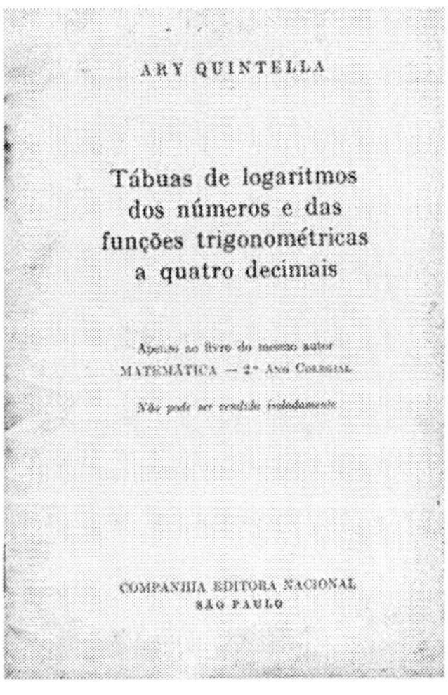

É uma tabela onde são encontradas as mantissas (partes decimais) dos logaritmos decimais de números inteiros positivos. Há diversos tipos de tábuas de logaritmos, umas com mais, outras com menos números; é variável também o número de casas decimais oferecidas por essas tábuas.

Na figura ao lado, apresentamos a capa de uma dessas tábuas, que vinha anexada ao livro Matemática Segundo Ano Colegial, de Ary Quintella, edição de 1970. Ao final desse trabalho existem dois anexos, que apresentam as tábuas completas (de números inteiros positivos e de funções trigonométricas), conforme foram publicadas.

Repare no ANEXO I, que essa tábua apresenta as mantissas dos logaritmos dos números de 100 a 999, com apenas quatro casas decimais. Para encontrarmos cada mantissa, é preciso olhar o número que está no cruzamento dos valores dados em cada uma das linhas (números de 10 a 99) com os que aparecem nas colunas (0 a 9). Assim a mantissa do logaritmo do número 518 será encontrada no cruzamento da linha em que está o número 51 com a coluna do número 8. Obtemos, portanto, 7143.

E por que não são dadas as mantissas dos números menores do que 100, ou dos números maiores do que 999?

Primeiramente, você deve lembrar que o logaritmo de um número é sempre formado por uma parte inteira chamada de característica, que pode ser um número positivo, zero, ou um número negativo, e de uma parte decimal positiva, denominada mantissa. No quadro abaixo resumimos as regras práticas que são utilizadas para se obter a característica e a mantissa do logaritmo de um número:

COMO DETERMINAR A CARACTERÍSTICA E A MANTISSA NO CÁLCULO DO LOGARITMO DE UM NÚMERO: *Dado um número N, real e positivo, sempre existirá um número inteiro C e um número decimal m, m > 0, tal que* $\log N = C + 0,m$

Observações:

a) Para calcular a característica C de log N temos dois casos:

1º) N > 1 → C é o número de algarismos da parte inteira de N menos 1.

Exemplos: N = 23456 => C = 5 – 1 = 4; N = 123,648 => C = 3 – 1 = 2; N = 7,4325 => C = 1 – 1 = 0

2º) 0 < N < 1 → C é negativa e igual ao número de zeros antes do primeiro algarismo significativo.

Exemplos: N = 0, 4356 => C = -1; N = 0,000073 => C = -5; N = 0,004356 => C = -3

b) As mantissas são tabeladas com aproximações. O valor da mantissa do log N não se altera quando N é multiplicado por uma potência inteira de 10, isto é, os números da forma $10^k \times N$*, em que K é* *um número inteiro, têm a mesma mantissa.*

Assim, se numa tabela é dado que a mantissa do log 2 é 3010, teremos que a mantissa do log 200 também será 3010, pois 200 = $10^2 \times 2$*, alterando-se apenas a característica, de acordo com as regras dadas anteriormente. Nesse caso, teríamos:*

log 2 = 0,3010 e log 200 = 2, 3010

c) No caso de calcularmos log 0,0002 , a característica será – 4 e teremos

log 0,0002 = - 4 + 0,3010 = - 3, 6990.

Nesses casos em que a característica é negativa, podemos escrever o logaritmo na forma que chamamos de preparada, a saber: $\overline{4},3010$*, onde a "barra" colocada acima do 4 indica que a característica é negativa e que a parte decimal é a mantissa do número cujo logaritmo está sendo calculado.*

Por exemplo, quando escrevemos que log N = $\bar{3},3010$ *podemos afirmar que N = 0,002.*

d) Podemos passar o logaritmo negativo para forma preparada, usando um artifício de cálculo conforme mostramos a seguir:

Se log N = - 3, 6990 podemos escrever esse número como a soma

$- 3 + (- 0{,}6990) = - 3 - 1 + 1 - 0{,}6990 = (-3 - 1) + (1 - 0{,}6990)$
$= - 4 + 0{,}3010 = \bar{4},3010$

Ora, como foi visto acima, a mantissa dos logaritmos dos números da forma N x 10^{α} é sempre a mesma, ou seja, a mantissa 5465 referente na tabela, ao número 352, é a mesma para todos os números da forma 352 x 10^{α}, isto é, 35,2; 3,52; 35200; 0,0352 e 0,000352. Assim, teremos:

log 352 = 2,5465

log 35,2 = 1, 5465

log 3,52 = = 0,5465

log35200 = 4,5465

log 0,0352 = $\bar{2}$,5465 = - 2 + 0,5465 = - 1,4535

log 0,000352 = $\bar{4}$,5465 = - 4 + 5465 = - 3,4535

Vamos pensar agora na seguinte situação:

Como calcular log 0,02527? Seguindo o mesmo raciocínio, sabemos que a característica é – 2 e então bastaria encontrar a mantissa do número 2527, tendo em vista que 0,02572 = 2572 x 10^{-5}. Porém nossa tábua só apresenta as mantissas de 100 a 999. Como resolver esse problema? Ora, o logaritmo do

número 257,2 terá também a mesma mantissa de 2572, e está compreendido entre 100 e 999. Mas isso ainda não resolve o nosso problema, pois o número 252,7 também não está na tábua, pois ela apresenta apenas as mantissas dos números inteiros que estão nesse intervalo.

No item a seguir, vamos estudar como esse problema poderá ser resolvido, considerando que a mantissa de 252,7 será um número compreendido entre as mantissas de 252 e de 253, utilizando uma regra de três simples.

2.2. COMO USAR UMA TÁBUA DE LOGARITMOS DE NÚMEROS REAIS POSITIVOS?

Há dois casos a serem considerados ao usar a tábua de logaritmos:

1º CASO: Dado um número N, calcular o logaritmo de N:

a) N encontra-se na tabela: Esse caso já foi considerado nos exemplos acima. Usando a regra prática para obtenção da característica e a propriedade das mantissas, podemos calcular com facilidade o valor de cada logaritmo. Por exemplo:

Calcular log70500

O número 70500 é formado por 5 algarismos; logo, a característica do logaritmo é $5 - 1 = 4$. A mantissa será a mesma do número 705, pois $70500 = 705 \times 10^2$. A mantissa de 705 é encontrada na linha do número 70 e coluna do número 5. Assim, log70500 = 4,8482.

Para calcular log 0,00705, teremos: característica – 3 (negativa e igual ao número de zeros que antecedem o primeiro algarismo diferente de zero). A mantissa será a mesma de 705, pois $0{,}00705 = 705 \times 10^{-5}$. Assim, teremos log 0,00705 = $\bar{3}{,}8482$ na forma preparada ou, fazendo os cálculos, - 3 + 0,8482 = - 2,1518.

b) N não se encontra na tabela: Nesse caso, é feita uma interpolação numérica, usando a regra de três simples (não vamos justificar esse procedimento nesse artigo, para não nos alongarmos muito, mas considera-se interessante que o leitor busque essa informação). Vamos resolver o problema levantado anteriormente, que era calcular log 0,02527.

Como já vimos, o número 2527 não está na tábua, nem o número 252,7 ou qualquer outro escrito na forma 2527 x 10^{α}. Vamos então fazer uma interpolação numérica, utilizando regra de três simples. Sabemos que 252,7 é maior que 252 e menor que 253; logo a mantissa correspondente estará entre as mantissas desses números. Assim, escrevemos:

N	mantissa
252	4014
252,7	x
253	4031

Para montar a regra de três faremos:

253 – 252 ________ 4031 – 4014

252,7 – 252 ________ x – 4014

Que nos dá:

1 ______ 17

0,7 ______ x – 4014 . Daí, teremos: 1 . (x – 4014) = 17. 0,7 => x = 4026

Então log 0,02527 = $\bar{2},4026$ = -2 + 0,4026 = -1,5974.

Outro exemplo: Calcular log 705,4.

Nesse caso, o número 705,4 não está na tabela, assim como o número 7054, ou qualquer outro escrito como 7054 x 10^{α}.

Sabemos que o número 705,4 é maior do que 705 e menor do que 706. Logo sua mantissa será um número compreendido entre as mantissas de 705 e 705. Assim, podemos escrever:

N	mantissa
705	8482
705,4	x
706	8488

Agora escrevemos:

706 – 705 ________ 8488 – 8482

705,4 – 705 ________ x – 8482

Que nos dá: 1 . (x – 8482) = 0,4 . 6 => x ≅ 8484

Então log 705,4 = 2,8484.

2º CASO: Dado o logaritmo decimal de um número N, calcular o valor de N:

a) A mantissa encontra-se na tabela: Esse caso também é simples, como veremos nos exemplos a seguir:

1) Qual o valor de N, dado que log N = 5,6946?

O primeiro passo é verificar se o número 6946 encontra-se na tabela. Sim, ele se encontra no cruzamento da linha correspondente ao número 49 com a coluna do número 5. Assim, 6946 é a mantissa de todos os números que podem ser escritos na forma 495 x 10^{α}. Agora devemos observar que a característica é 5, e isso significa que N é um número com 6 algarismos. Daí, teremos $\alpha = 3$, obtendo N = 495000.

2) Qual o valor de N, dado que $\log N = \bar{4},5658$

Agora temos que 5658 corresponde à mantissa do número 368 e como a característica é – 4, teremos N = 0,000368.

3) Qual o valor de N, dado que $\log N = -4,3382$?

Atenção agora, pois nesse caso não temos explicitadas nem a característica, nem a mantissa do logaritmo; antes de olhar o valor da mantissa na tabela, é preciso transformar esse logaritmo escrevendo-o na forma que chamamos preparada, onde vão aparecer os valores que precisamos. Ora,

– 4,3382 = – 4 – 0,3382 = (– 4 – 1) + (1 – 0,3382) = –5 + 0,6618 = $\bar{5},6618$

Agora sabemos que a característica é – 5 e que a mantissa 6618 corresponde ao número 459.

Daí, conclui-se que N = 0,0000459.

b) A mantissa não se encontra na tabela: Quando a mantissa não se encontra na tabela, deve ser feita uma interpolação semelhante à que realizamos no item b do 1º CASO, só que agora a incógnita x estará na coluna do número N.

Por exemplo, qual o valor de N, dado que log N = 3,2108.

Procurando na tabela, vamos encontrar duas mantissas próximas de 2108, que são 2095 (correspondente ao número 162) e 2122 (correspondente ao número 163).

Como a característica desse logaritmo é 3, sabemos que N possui 4 algarismos na parte inteira. Assim, podemos concluir que N é um número compreendido entre 1620 e 1630, e então construir a regra de três:

N	mantissa
1620	2095
x	2108
1630	2122

Agora teremos:

1630 – 1620 _______ 2122 – 2095

x – 1620 ________ 2108 – 2095 . Assim,

$10 \cdot 13 = (x - 1620) \cdot 27 \Rightarrow x \cong 1624{,}8148$, ou seja $N \cong 1624{,}8148$.

Observação:

Um interessante problema de utilização de logaritmos seria calcular $\sqrt{3}$, com aproximação de 4 casas decimais. Ora, com uma calculadora podemos verificar que $\sqrt{3} \cong$ 1,73208...

Vamos usar o cálculo logarítmico para determinar esse valor aproximado.

Sabemos que $\log\sqrt{3}$ =

$\frac{1}{2}\log 3 = \frac{1}{2}.\ 0,4771 = 0,2386$.

Agora, temos que verificar qual é o número cujo logaritmo é 0,2385. Como a característica é zero e a mantissa é 2386, procuramos na tábua essa mantissa, que estará entre as mantissas dos números 173, que é 2380 e 174, que é 2405. Agora, fazendo a interpolação, teremos:

174 – 173 ________ 2405 – 2380

x – 173 ________ 2386 – 2380 , que nos dá x $\cong$ 173,24. Ora, como a característica do $\log\sqrt{3}$ é zero, temos que $\sqrt{3} \cong$ 1,7324. Em relação ao valor dado pela calculadora, se aproximarmos para 1,7321, verifica-se uma diferença de apenas 3 unidades na quarta casa decimal...

Os problemas considerados acima nos permitiram entender como usar a tábua de logaritmos dos números reais positivos.

A partir de agora vamos estudar a utilização da tábua de logaritmos das funções trigonométricas para, em seguida, aplicar esse conhecimento na resolução de triângulos, que é o objetivo principal desse trabalho.

2.3. O QUE É UMA TÁBUA DE LOGARITMOS DE FUNÇÕES TRIGONOMÉTRICAS?

40° a 45°										45° a 50°
°	'	sen	dl'	tan	dcl'	cot	cos	dl'		
40	0	$\bar{1}$,8081	1,5	$\bar{1}$,9238	2,6	0,0762	$\bar{1}$,8843	1,1	0	50
	10	8096	1,5	9264	2,5	0736	8832	1,1	50	
	20	8111	1,4	9289	2,6	0711	8821	1,1	40	
	30	8125	1,5	9315	2,6	0685	8810	1,0	30	
	40	8140	1,5	9341	2,5	0659	8800	1,1	20	
	50	$\bar{1}$,8155	1,4	$\bar{1}$,9366	2,6	0,0634	$\bar{1}$,8789	1,1	10	
41	0	$\bar{1}$,8169	1,5	$\bar{1}$,9392	2,5	0,0608	$\bar{1}$,8778	1,1	0	49
	10	8184	1,4	9417	2,6	0583	8767	1,1	50	
	20	8198	1,5	9443	2,5	0557	8756	1,1	40	
	30	8213	1,4	9468	2,6	0532	8745	1,2	30	
	40	8227	1,4	9494	2,5	0506	8733	1,1	20	
	50	$\bar{1}$,8241	1,4	$\bar{1}$,9519	2,5	0,0481	$\bar{1}$,8722	1,1	10	
42	0	$\bar{1}$,8255	1,4	$\bar{1}$,9544	2,6	0,0456	$\bar{1}$,8711	1,2	0	48
	10	8269	1,4	9570	2,5	0430	8699	1,1	50	
	20	8283	1,4	9595	2,6	0405	8688	1,2	40	
	30	8297	1,4	9621	2,5	0379	8676	1,1	30	
	40	8311	1,3	9646	2,5	0354	8665	1,2	20	
	50	$\bar{1}$,8324	1,4	$\bar{1}$,9671	2,6	0,0329	$\bar{1}$,8653	1,2	10	
43	0	$\bar{1}$,8338	1,3	$\bar{1}$,9697	2,5	0,0303	$\bar{1}$,8641	1,2	0	47
	10	8351	1,4	9722	2,5	0278	8629	1,1	50	
	20	8365	1,3	9747	2,5	0253	8618	1,2	40	
	30	8378	1,3	9772	2,6	0228	8606	1,2	30	
	40	8391	1,4	9798	2,5	0202	8594	1,2	20	
	50	$\bar{1}$,8405	1,3	$\bar{1}$,9823	2,5	0,0177	$\bar{1}$,8582	1,3	10	
44	0	$\bar{1}$,8418	1,3	$\bar{1}$,9848	2,6	0,0152	$\bar{1}$,8569	1,2	0	46
	10	8431	1,3	9874	2,5	0126	8557	1,2	50	
	20	8444	1,3	9899	2,5	0101	8545	1,3	40	
	30	8457	1,2	9924	2,5	0076	8532	1,2	30	
	40	8469	1,3	9949	2,6	0051	8520	1,3	20	
	50	$\bar{1}$,8482	1,3	$\bar{1}$,9975	2,5	0,0025	$\bar{1}$,8507	1,2	10	
45	0	$\bar{1}$,8495		0,0000		0,0000	$\bar{1}$,8495		0	45
		cos	dl'	cot	dcl'	tan	sen	dl'	'	°

10" — 0,17; 20" — 0,33; 30" — 0,50; 40" — 0,67; 50" — 0,83

Uma tábua de logaritmos de funções trigonométricas é uma tabela semelhante à que vimos anteriormente, só que apresenta os logaritmos das funções seno, cosseno, tangente e cotangente dos ângulos que são dados em graus e minutos. Reproduzimos ao lado a última página dessa tabela que também é encontrada no livreto anexado ao livro Matemática Segundo Ano Colegial, de Ary Quintella, edição de 1970. Aqui podemos observar os logaritmos relativos aos ângulos de 40 a 45 graus e seus respectivos minutos, que variam de 10 em 10; observe que são apresentados os valores correspondentes às funções seno, tangente, cotangente e cosseno. Há ainda duas colunas dl' que apresentam as diferenças entre duas mantissas consecutivas, divididas por 10. Na última coluna podem ser vistos os ângulos complementares dos ângulos apresentados na primeira coluna. No ANEXO II deste trabalho você poderá ver a tabela completa, conforme foi publicada.

2.4. COMO USAR UMA TÁBUA DE LOGARITMOS DAS FUNÇÕES TRIGONOMÉTRICAS?

Semelhantemente ao cálculo dos logaritmos dos números reais positivos, aqui teremos dois casos a considerar.

1º CASO: Dado um ângulo x, em graus, calcular o logaritmo de uma função trigonométrica de x, isto é, log(senx), log(cosx), ou ainda log(tgx). Vamos dividir esse caso também em duas possibilidades:

a) O ângulo x encontra-se na tábua:

Por exemplo, calcular $\log(\text{sen}22^0)$. Nesse caso basta encontrar o ângulo de 22^0 (página 12, anexo II) e verificar que $\log(\text{sen}22^0) = \bar{1},5736 = -0,4264$

Se o ângulo é dado em graus e minutos, por exemplo, $\log(\cos 22^0 30')$, também não há dificuldade. Basta encontrar o ângulo de 22^0, descer até a linha correspondente aos 30' e encontrar, na coluna dos cossenos, o valor correspondente, que é $\bar{1},9656$.

Então, teremos log (cos22^{0}30') = $\bar{1},9656$= -0,03438

b) O ângulo x não se encontra na tábua:

Vamos observar primeiramente que, lendo apenas os ângulos que aparecem na primeira coluna, a tábua apresenta os valores dos logaritmos correspondentes aos ângulos de 0 a 45 graus, com os respectivos minutos, variando de 10 em 10, de 0 a 50 minutos. Contudo se olharmos para a última coluna, veremos que os ângulos estão variando de 90 a 45 graus, em ordem decrescente; na penúltima coluna estão os valores dos minutos correspondentes a cada ângulo.

OBSERVAÇÃO: Devido à propriedade que existe entre ângulos complementares, sabe-se que senx = cos(90^0 – x), cosx = sen(90^0 – x) e que tgx = cotg(90^0 – x). Portanto, é possível calcular os valores dos logaritmos referentes aos ângulos de 0 a 90 graus. Se o ângulo for maior que 90^0, deve ser feita a redução ao primeiro quadrante. Vamos ver alguns exemplos:

Pelo que foi exposto acima, quanto à medida do ângulo em graus não teremos dificuldade. O problema seria calcular, por exemplo, log (sen$13^0$25’), pois a mantissa correspondente a 25’ não encontra-se na tábua.

Ora, na tábua é possível encontrar o valor referente aos ângulos de $13^0$20’ e $13^0$30’, que são respectivamente iguais a $\bar{1},3629$ e $\bar{1},3682$. Nesse caso, de modo semelhante ao que fizemos no cálculo com números reais, vamos fazer uma interpolação, usando regra de três:

Ângulo x	mantissa
$13^0 20'$	3629
$13^0 25'$	m
$13^0 30'$	3682

Escrevendo a regra de três, temos:

$13^0 30' - 13^0 20'$ ________ 3682 – 3629

$13^0 25' - 13^0 20'$ _________ m – 3629

Daí tiramos:

10 _____ 53

5 _____ m – 3629 => m = 3656.

Então, $\log(\text{sen}13^0 25') = \bar{1},3656$.

Observe que na tábua, a coluna dl' apresenta a diferença 5,3 entre os minutos 20 e 30; logo, como queremos o valor correspondente a 25' basta multiplicar 5,3 por 5 e obter o valor a ser acrescentado direto.

Vejamos mais um exemplo: Calcular log (cotg72^{0}28')

Temos na tabela: log (cotg72^{0}20') = log(tg17^{0}40') = $\bar{1},5031$ e log (cotg72^{0}30') = log (tg17^{0}30') = $\bar{1},4987$. Vamos calcular log (tg17^{0}32')

Ângulo x	mantissa
17^{0}40'	5031
17^{0}32'	m
17^{0}30'	4987

$17^0 40' - 17^0 30'$ ______ $5031 - 4987$

$17^0 32' - 17^0 30'$ ______ $m - 4987$. Logo,

10 _____ 44

2 ______ $m - 4987$ => $m = 4996$. Daí, temos $\log(\text{cotg}72^0 28') = \bar{1},4996$

Usando direto os valores da cotangente encontrados na tábua, teríamos:

$\log(\text{cotg}72^0 20') = -0,4969$ e $\log(\text{cotg}72^0 30') = -0,5013$

Ângulo x	mantissa
$72^0 20'$	4969
$72^0 28'$	m
$72^0 30'$	5013

$72^0 30' - 72^0 20'$ ______ $5013 - 4969$

$72^0 28' - 72^0 20'$ ______ $m - 4969$

Logo,

10 ______ 44

8 ______ $m - 4969 \Rightarrow m = 5004$. Assim,

$\log(\text{cotg}72^0 28') = -0,5004 = \bar{1},4996$

2º CASO: Dado o logaritmo de uma função trigonométrica de um ângulo x, em graus, calcular o valor do ângulo x.

O procedimento para este caso é análogo ao que fizemos no cálculo dos logaritmos para números inteiros. Aqui também há duas possibilidades:

a) A mantissa encontra-se na tabela:

Por exemplo, dado $\log(\text{sen}x) = \bar{1},8125$, consultando a tabela (p.16) encontra-se o ângulo $x = 40^0 30'$.

b) A mantissa não se encontra na tabela:

Nesse caso, deverá ser feita a interpolação, usando a regra de três simples, como já foi visto anteriormente.

Por exemplo, log(senx) = $\bar{1},7228$. Olhando na tábua, observa-se que as mantissas mais próximas são 7222 referentes ao ângulo de $31^0 50'$ e 7242, do ângulo de 32^0.

Fazendo a regra de três correspondente, teremos:

$32^0 - 31^0 50'$ ______ 7242 – 7222

$x - 31^0 50'$ ______ 7228 – 7222 => x = $31^0 53'$

Observação: Há casos em que os ângulos serão dados em graus, minutos e segundos. Vamos mostrar a seguir o procedimento diante dessas situações:

Calculemos, por exemplo, log(sen71⁰15'28")

Nesse caso, vamos calcular log(cos 18⁰44'32")

Ora, primeiramente vamos calcular log (cos 18⁰44'),

que está entre

log (cos 18⁰40') = $\bar{1}$,9765 *e log (cos 18⁰50')*= $\bar{1}$,9761.

Usando a regra de três já vista anteriormente, vamos chegar ao valor aproximado.

ângulo	*mantissa*
18⁰40'	*9765*
18⁰44'	*x + 0,50 **
18⁰50'	*9761*

** Observe que nesse caso foi adicionado ao valor de x a parcela 0,50, que pode ser encontrada na última linha da tábua (p.11), correspondente à diferença em segundos que está relacionada a 30" (nesse caso,* *estamos aproximando 28'' para 30'')*

Daí teremos:

10 ______ - 4

4 ______ x – 9764 => x = 9763. Então log(sen71⁰15'28'') = $\bar{1},9763$.

Atenção!

Se não quiser usar a aproximação dada na tabela, também pode pensar da seguinte forma:

Se aumentando o ângulo de 10' = 600'' (de 18⁰40' para 18⁰50') a mantissa diminui 4 unidades (de 9765 para 9761) , quando aumentar 4'32'' = 272'' a mantissa diminuirá de quanto?

600 ______ - 4

272 ______ x => x = - 1,81, logo a mantissa será 9763.

3. TRANSFORMANDO FÓRMULAS PARA UTILIZAR OS LOGARITMOS:

Algumas fórmulas trigonométricas são dadas por adições ou subtrações do tipo $a \pm b$. Nesses casos, é conveniente transformar essas somas em expressões que tenham produto, para tornar possível a utilização dos logaritmos.

Vejamos alguns exemplos:

EXEMPLO 1) Podemos calcular o valor da expressão E = $sen50^0$ + $sen20^0$ usando o cálculo logarítmico, mas antes temos que transformar essa expressão em um produto.

Da trigonometria, sabemos que E = $sen50^0 + sen20^0 = 2.\ sen35^0.cos15^0$.

Logo, podemos escrever que

$logE = log2 + log(sen35^0) + log(cos15^0) = 0{,}3010 + \bar{1}{,}7586 + \bar{1}{,}9849 = -2 + 2{,}0445 = 0{,}0445$.

Agora vamos determinar o valor de E, sabendo que logE = 0,0445.

A característica é zero, logo E possui um algarismo em sua parte inteira. A mantissa 0445 está compreendida entre 0414 (correspondente ao número 1,10) e 0453 (correspondente ao número 1,11). Fazendo a regra de três, teremos:

1,11 – 1,10 ________ 39

x – 1,10 ___________ 31 => x ≅ 1,1079. Então E = 1,1079.

EXEMPLO 2) A Lei dos Senos nos garante que, num triângulo ABC, cujos lados medem a, b e c, sendo a oposto ao ângulo A, b oposto ao ângulo B e c oposto ao ângulo C, é válida a relação: $\frac{a}{senA} = \frac{b}{senB} = \frac{c}{senC}$

Utilizando a primeira igualdade, podemos escrever uma expressão que poderá ser calculada utilizando-se logaritmos:

$$\frac{a+b}{a-b}=\frac{senA+senB}{senA-senB}=\frac{2sen\frac{A+B}{2}.\cos\frac{A-B}{2}}{2\cos\frac{A+B}{2}.sen\frac{A-B}{2}}$$

Logo, $\frac{a+b}{a-b}=tg\frac{A+B}{2}.\cot g\frac{A-B}{2}$

EXEMPLO 3) Uma expressão do tipo $a \pm b$ pode ser transformada para ser calculável por logaritmos da seguinte forma:

$a \pm b$ = a(1 ± $\frac{b}{a}$) . Agora, fazendo $\frac{b}{a}=tg\ x$ teremos:

$$a \pm b = a(1 \pm tg\ x) =$$

$$A(tg45^0 \pm tgx)=a(\frac{sen45^0}{\cos 45^0}\pm\frac{senx}{\cos x})=a(\frac{sen45^0.\cos x \pm senx.\cos 45^0}{\cos 45^0.\cos x})$$

Daí, tiramos que: $a \pm b=\frac{2.a.\text{sen}(45^0 \pm x)}{\sqrt{2}.\cos x}$

EXEMPLO 4) Vamos transformar em produto uma expressão do tipo $\sqrt{a^2+b^2}$

Podemos escrever: $\sqrt{a^2+b^2} = \sqrt{a^2(1+\frac{b^2}{a^2})}$

Fazendo $\frac{b^2}{a^2} = tg^2 x$ teremos:

$\sqrt{a^2+b^2} = a\sqrt{1+tg^2 x} = a.\sec x$

De onde se conclui que $\sqrt{a^2+b^2} = \frac{a}{\cos x}$

Também pode ser mostrado que $\sqrt{a^2-b^2} = a.sen\, x$, desde que se faça $\frac{b^2}{a^2} = \cos x$. Tente mostrar!

EXEMPLO 5) Vamos transformar em produto a expressão 2 + 3, usando um ângulo auxiliar, conforme visto anteriormente:

Ora, $2+3 = 2(1+\frac{3}{2})$

Fazendo $tgx = \frac{3}{2}$, e utilizando o resultado obtido no exemplo número (3), temos:

$$a+b=\frac{2.\mathrm{a}.\mathrm{sen}(45^0+x)}{\sqrt{2}.\cos x}=\frac{2.2sen(45^0+x)}{\sqrt{2}\cos x}$$

Logo, 2 + 3 = $\dfrac{4sen(45^0+x)}{\sqrt{2}\cos x}$

De fato, observe que se desenvolvermos a expressão acima, vamos obter:

$$\frac{4(sen45.\cos x+senx.\cos 45)}{\sqrt{2}.\cos x}=\frac{4.\dfrac{5\sqrt{2}}{2\sqrt{13}}}{\sqrt{2}.\dfrac{2}{\sqrt{13}}}=\frac{\dfrac{10\sqrt{2}}{\sqrt{13}}}{\dfrac{2\sqrt{2}}{\sqrt{13}}}=5$$

E como escrever a diferença 4 – 3 ?

Escreve-se primeiramente: 4 – 3 = 4 (1 - $\dfrac{3}{4}$)

Sendo tgx = 3/4, tiramos que senx = 3/5 e cosx = 4/5

Agora é só escrever: $a-b=\dfrac{2.\mathrm{a}.\mathrm{sen}(45^0-x)}{\sqrt{2}.\cos x}=$

$$\frac{8(sen45.\cos x - senx.\cos 45)}{\sqrt{2}.\cos x} = \frac{8.(\frac{\sqrt{2}}{2}.\frac{4}{5} - \frac{3}{5}.\frac{\sqrt{2}}{2}}{\sqrt{2}.\frac{4}{5}} = \frac{8.\frac{\sqrt{2}}{10}}{\sqrt{2}.\frac{4}{5}} = 1$$

EXEMPLO 6) Vamos transformar a expressão E = $\frac{tgx + tgy}{\cot x - \cot y}$ para que ela seja calculável por logaritmos:

E =

$$\frac{tgx + tgy}{\cot x - \cot y} = \frac{\frac{senx}{\cos x} + \frac{seny}{\cos y}}{\frac{\cos x}{senx} - \frac{\cos y}{seny}} = \frac{\frac{senx.\cos y + seny\cos x}{\cos x.\cos y}}{\frac{seny.\cos x - senx.\cos y}{senx.seny}}$$

$$= \frac{\frac{sen(x+y)}{\cos x.coy}}{\frac{sen(y-x)}{senx.seny}} = \frac{sen(x+y)}{\cos x.coy}.\frac{senx.seny}{sen(y-x)} = \frac{sen(x+y)}{sen(y-x)}.tgx.tgy$$

Então, log E = log sen(x+y) – log sen(y-x) + log tgx + log tgy

OBSERVAÇÃO:

Como curiosidade, vamos ver como se resolve uma equação trigonométrica simples, por exemplo, $senx = \frac{3}{5}$

Ora, utilizando logaritmos, teremos: log(senx) = log 3 – log 5 = 0,4771 – 0,6990 = -0,2219 = $\bar{1},7781$. *Agora, vamos procurar na tábua dos logaritmos das funções trigonométricas o ângulo correspondente, ou seja, o ângulo x, tal que log(senx) =* $\bar{1},7781$. *Vemos que x é um ângulo compreendido entre* $36^0 50'$ *e* 37^0. *Fazendo a interpolação teremos:*

$36^0 50'$ _____ *7778*

x ______ *7781*

37^0 ______ *7795*

De onde tiramos: $x = 36^0 50' + (1,7)' = 36^0 51'42''$.

Logo a solução geral será:

$$x = 36^0 51'42'' + 360^0 k \quad ou \; x = 143^0 8'18'' + 360^0 k$$

4. RESOLVENDO TRIÂNGULOS

Agora estamos em condições de resolver os problemas a que nos referimos no início deste artigo. Tudo o que desenvolvemos até aqui teve como objetivo principal, preparar o leitor para compreender as resoluções e os cálculos que serão apresentados a seguir.

Vamos apresentar alguns problemas chamados "clássicos" pelos autores da época, os quais eram divididos em dois grupos. O primeiro estava relacionado aos *triângulos retângulos*, pois como se sabe, nesse caso, um dos ângulos já é conhecido, bastando então, para a resolução de triângulos retângulos a informação de mais dois elementos, sendo pelo menos um deles, um dos lados. O segundo grupo vai estudar os problemas relacionados aos triângulos não retângulos, também chamados de triângulos obliquângulos (cf. Algacyr Munhoz Maeder, p.384).

Vale ressaltar ainda que as tábuas de logaritmos, tanto dos números reais, como das funções trigonométricas, apresentam os valores aproximados dos logaritmos, e sua precisão varia de acordo com o número de casas decimais em que são construídas. A tábua que usaremos apresenta apenas quatro decimais, enquanto na época era possível encontrar algumas com mais casas decimais. Além disso, ao serem feitas as interpolações para os números que não estão nas tábuas, mais erros de aproximação são introduzidos. Portanto, chamamos a atenção para o fato de que os resultados encontrados nos problemas a seguir serão valores aproximados.

5. RESOLUÇÃO DE TRIÂNGULOS RETÂNGULOS

Na resolução de um triângulo retângulo ABC, vamos considerar: ângulo reto A, hipotenusa **a** e catetos **b** e **c**. Ela será dividida em quatro casos:

1º caso: Dados a hipotenusa a e um ângulo agudo B, calcular o ângulo C, os catetos b e c e a área S.

PROBLEMA I: Dados a = 36,85 m e B = $52^0 45'$ calcular C, c, b e S:

Resolução:

1. Cálculo de C: C = 90^0 – B = $37^0 15'$
2. Cálculo de b: b = a . senB => lob b = lob a + log(senB) = 1,5664 + $\bar{1}$,9009 = 1,4673 => b = 29,33 m
3. Cálculo de c: c = a . cosB => lob c = log

a + log(cosB) = 1,5664 + $\bar{1}$,7819 = 1,3483 => c = 22,30 m

4. Cálculo de S: Como $S = \frac{bc}{2}$, pode-se calcular direto com os resultados já encontrados, ou usando os logaritmos já calculados: log S = log b + lob c – log 2 = 1,4673 + 1,3483 – 0,3010 = 2,5146 e então calcular S = 327,10 m^2.

2º caso: Dados um cateto b e o ângulo B, oposto a esse cateto, calcular o ângulo C, a hipotenusa a, o cateto c e a área S.

PROBLEMA II: Dados b = 148,30 m e B = $37^0 36'20''$, calcular C, a, c e S:

Resolução:

1. Cálculo de C: C = 90^0 – B =

$52^0 23'40''$

2. Cálculo de a: Como senB = $\frac{b}{a}$ podemos escrever: log a = log b – log(senB) = 2,3857 => a = 243,03 m

3. Cálculo de c: Usando c = b . cotgB escrevemos: log c = lob b + log(cotgB) = 2,2845 => c = 192,53 m

4. Cálculo de S: Como no exercício anterior, logS = log b + log c – log 2 = 4,1546 => S = 14276,31 m^2

3º caso: Dados dois catetos b e c, calcular a hipotenusa a, os ângulos agudos B e C e a área S:

PROBLEMA III: Dados b = 75,85 m e c = 39,77 m, calcular a, B, C e S:

Resolução:

1. Cálculo de B: Como $tgB = \frac{b}{c}$, temos: log(tgB) = log b – log c => log(tgB) = 0,2804. Daí temos B = $62^0 20'$
2. Cálculo de C: C = 90^0 – B => C = $27^0 40'$
3. Cálculo de a: Como $\cos C = \frac{b}{a}$, podemos escrever que log a = lob b – log(cosC) = 1,9327. Daí, temos que a = 85,64
4. Cálculo de S: log S = log b + log c – log 2 = 3,1786 => S = 1508 m^2

4º caso: Dados a hipotenusa a e um cateto b, calcular o cateto c, os ângulos agudos B e C e a área S.

PROBLEMA IV: Dados a = 386 m e b = 204 m , calcular c, B, C e S:

Resolução:

1. Cálculo de B: Como $senB = \frac{b}{a}$, temos: log(senB) = log b – log a => log(senB) = $\bar{1},7230$ => B = $31^0 54'$

2. Cálculo de C: C = 90^0 – B => C = $58^0 6'$

3. Cálculo de c: Usando a relação c = a . senC, temos: log c = log a + log(senC) = 2,5155 => c = 327,7 m

4. Cálculo de S: log S = log b + log c

$- \log 2 = 4{,}5241 \Rightarrow S = 33430\ m^2$.

Observação: *Como nesse caso foram dados o valor da hipotenusa e um dos catetos, não foi utilizado o teorema de Pitágoras* ($a^2 = b^2 + c^2$) *para calcular a medida do cateto c, porque o problema não seria resolvível por logaritmos. Contudo, poderia ser escrito que* $c = \sqrt{(a+b)(a-b)}$ *e tirar:* $\log c = \frac{1}{2}(\log(a+b) + \log(a-b))$, *para obter o valor de c.*

6. RESOLUÇÃO DE TRIÂNGULOS NÃO RETÂNGULOS

Para a resolução de triângulos não retângulos, os quatro livros pesquisados fazem referência, logo de início, ao Teorema dos Senos, ao Teorema dos Cossenos e à expressão trigonométrica da área de um triângulo. A partir da figura abaixo resumimos o que é apresentado:

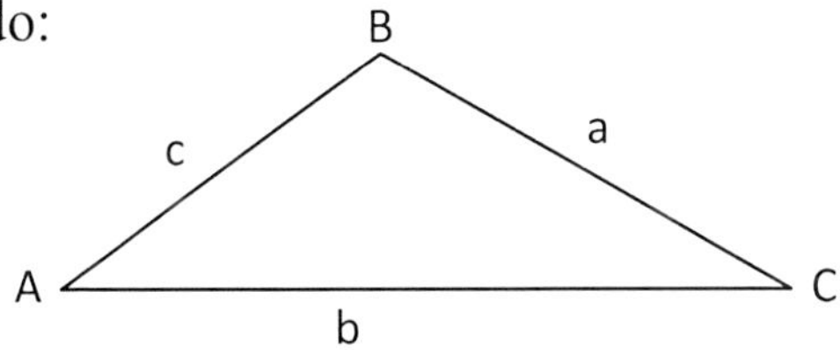

Teorema dos Senos: $\frac{a}{senA} = \frac{b}{senB} = \frac{c}{senC}$

Teorema dos Cossenos:

$$a^2 = b^2 + c^2 - 2.b.c.\cos A$$

$$b^2 = a^2 + c^2 - 2.a.c.\cos B$$

$$c^2 = a^2 + b^2 - 2.a.b.\cos C$$

Expressão trigonométrica da área de um triângulo:

$S = \frac{1}{2} b.c.senA$ ou $S = \frac{1}{2} a.c.senB$ ou

$S = \frac{1}{2} a.b.senC$

Podemos aproveitar para lembrar de mais três expressões para o cálculo da área de um triângulo ABC, quando são conhecidas as medidas dos seus três lados, a, b e c. Observe que essas três expressões podem ser calculadas usando logaritmos.

1. Se ABC está inscrito em uma circunferência de raio R, temos: $S = \frac{abc}{4R}$

2. Se ABC está circunscrito a uma circunferência de raio r, temos: $S = p.r$, em que $p = \frac{a+b+c}{2}$ (ou seja, p é o semiperímetro do triângulo ABC)

3. Fórmula de Heron:

   $S = \sqrt{p.(p-a).(p-b).(p-c)}$, em que p é o semiperímetro do triângulo ABC.

A resolução de triângulos não retângulos, também chamados de obliquângulos, será dividida em quatro casos, os quais analisaremos a seguir.

1º caso: Dados um lado a e dois ângulos, B e C, calcular os lados b e c, o ângulo A e a área S.

PROBLEMA I: Resolver um triângulo, sendo dados a = 265 m, B = 46º18' e C = 30º12'

Resolução:

1. Cálculo de A: A = 180º - (B + C) = 180º - 76º30' = 103º30'

2. Cálculo de b: Pelo Teorema dos Senos, temos $\frac{a}{senA} = \frac{b}{senB}$, logo $b = \frac{a.senB}{senA}$

   Então: log b = log a + log(senB) – log(senA) =

2,2945 => b = 197,03 m.

3. Cálculo de c: Como $c = \frac{a.senC}{senA}$, temos: log c = log a + log(senC) – log(senA) = 2,1370 => c = 137,09

4. Cálculo de S: Sendo $S = \frac{1}{2} b.c.senA$, podemos escrever:

log S = lob b + log c + log(senA) – log 2 = 2,2945 + 2,1370 + $\bar{1}$,9878 – 0,3010 = 4,1183 => S = 13132,64 m^2

2º caso: Dados dois lados a e b e o ângulo C formado por eles, calcular o lado c, os ângulos A e B e a área S.

PROBLEMA II: Resolver um triângulo a = 80 m, b = 65 m e C = 40º50'.

Resolução:

1. Cálculo de A e de B: Sabe-se que A + B = 180º - C e então $\frac{A+B}{2} = 90^0 - \frac{C}{2}$. Logo, $\frac{A+B}{2}$ = 69º35'. Também podemos concluir que

$$tg(\frac{A+B}{2}) = tg(90^0 - \frac{C}{2}) \rightarrow tg(\frac{A+B}{2}) = \cot g(\frac{C}{2}).$$

Já foi mostrado no **Exemplo 2, da página 16** deste trabalho, a partir do teorema dos Senos, que $\frac{a+b}{a-b} = tg\frac{A+B}{2}.\cot g\frac{A-B}{2}$. Assim, podemos concluir que

$$\frac{a+b}{a-b}.\frac{1}{\cot g\frac{A-B}{2}} = tg\frac{A+B}{2} \quad \rightarrow \quad tg(\frac{A-B}{2}) = \frac{a-b}{a+b}.\cot g(\frac{C}{2})$$

Logo, teremos:

$$\log [tg(\frac{A-B}{2})] = \log(a-b) - lob(a+b) + \log[\cot g(\frac{C}{2})] = \bar{1},4439$$

=> $\frac{A-B}{2} = 15^0 31'53''$ e $\frac{A+B}{2}$ = 69º35'. Essas duas equações nos permitem determinar A = 86º 06'53" e B = 54º 03'07"

2. Cálculo de c: Como $c = \dfrac{a.senC}{senA}$, escrevemos:

   log c = log a + log(senC) – log(senA) =

   = 1,7202 => c = 52,50 m

3. Cálculo de S: Como $S = \dfrac{1}{2} a.b.senC$, temos: log S = log a + log b + log(senC) – log 2 = 3,2305 => S = 1700,04 m^2

Observação: Este problema também poderia ser resolvido utilizando-se o teorema dos cossenos, $c^2 = a^2 + b^2 - 2.a.b.\cos C$, porém não poderíamos calcular o valor de c por logaritmos.

3º caso: Dados os três lados a, b e c, calcular os ângulos A, B e C e a área S.

PROBLEMA III: Resolver um triângulo, dados a = 85,3 m, b = 28,9 m e c = 67,4 m.

Resolução:

1. Cálculo de S: Utilizando a fórmula de Heron, temos: $S = \sqrt{p.(p-a).(p-b).(p-c)}$, em que p é o semiperímetro do triângulo. Neste caso, p = 90,8. Assim temos: p – a = 5,5, p – b = 61,9 e p – c = 23,4. Escrevemos então:

   $\log S = \frac{1}{2}[\log p + \log(p-a) + \log(p-b) + \log(p-c)] =$ 2,9297 => S = 850,60 m^2.

2. Cálculo dos ângulos A, B e C: Do teorema dos cossenos, podemos tirar que:

   $\cos A = \dfrac{b^2 + c^2 - a^2}{2bc}$. Sabemos da Trigonometria que $tg\dfrac{A}{2} = \sqrt{\dfrac{1-\cos A}{1+\cos A}}$, logo, escreveremos:

1-cos A =

$$1-\frac{b^2+c^2-a^2}{2bc}=\frac{2bc-b^2-c^2+a^2}{2bc}=$$

$$\frac{a^2-(b-c)^2}{2bc}=\frac{(a+b-c)(a-b+c)}{2bc}$$

Ora, chamando a + b + c = 2p,

e observando que a + b = 2p – c e que a + c = 2p – b, podemos escrever que

$$1-\cos A=\frac{(2p-2c)(2p-2b)}{2bc}=\frac{2(p-b)(p-c)}{bc}$$

Agora, podemos escrever que

1+ cos A =

$$1+\frac{b^2+c^2-a^2}{2bc}=\frac{2bc+b^2+c^2+a^2}{2bc}=$$

$$\frac{(b-c)^2-a^2}{2bc}=\frac{(b+c-a)(a+b+c)}{2bc}=$$

$$\frac{(2p-2a).2p}{2bc}=\frac{2p(p-a)}{bc}$$

Logo, $tg\frac{A}{2}=\sqrt{\frac{1-\cos A}{1+\cos A}}=\sqrt{\frac{(p-b)(p-c)}{p(p-a)}}$

Ora, essa expressão ainda pode ser escrita:

$$tg\frac{A}{2} =$$

$$\sqrt{\frac{(p-b)(p-c)p(p-a)}{p(p-a)p(p-a)}} = \sqrt{\frac{p(p-a)(p-b)(\text{p}-\text{c})}{p^2(p-a)^2}} = \frac{S}{p(p-a)}$$

Analogamente, podemos tirar

$$tg\frac{B}{2} = \sqrt{\frac{1-\cos\text{B}}{1+\cos\text{B}}} = \sqrt{\frac{(p-a)(p-c)}{p(p-b)}} = \frac{S}{p(p-b)}$$

$$tg\frac{C}{2} = \sqrt{\frac{1-\cos\text{C}}{1+\cos\text{C}}} = \sqrt{\frac{(p-a)(p-b)}{p(p-c)}} = \frac{S}{p(p-c)}$$

Com essas fórmulas podemos determinar, usando logaritmos, os ângulos A, B e C do triângulo dado.

Observemos ainda que a área de um triângulo circunscrito a uma circunferência de raio r, pode ser calculada por S = p . r , também podemos concluir que

$$tg\frac{A}{2} = \frac{S}{p(p-a)} = \frac{pr}{p(p-a)} = \frac{r}{p-a} \text{ e,}$$

analogamente,

$$tg\frac{B}{2} = \frac{r}{p-b}$$

$$tg\frac{C}{2} = \frac{r}{p-c}$$

Agora vamos calcular os ângulos A, B e C:

$\log\ (tg\frac{A}{2})$ = logS – log p – log(p – a) = 0,2312

=> A = 119°09'20''

De igual modo, podemos determinar B = 17°12'40" e C = 43°38'

4° caso: Dados dois lados a e b e o ângulo A, oposto ao lado a, calcular o lado c, os ângulos B e C e a área S.

Este caso era chamado nos livros de *"caso duvidoso"*, tendo em vista que há algumas hipóteses a considerar em função dos dados fornecidos. Vamos fazer nossa análise partindo da medida do ângulo A e comparando os valores dados, a e b.

I) Se A = 90°, temos um triângulo retângulo.

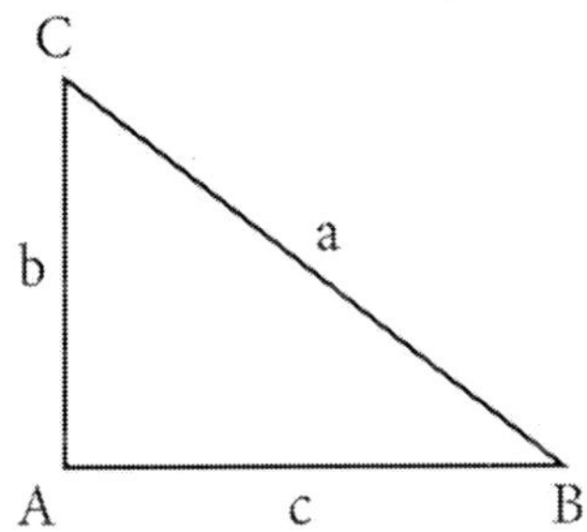

Logo, para que o problema tenha solução, devemos ter a > b. Os casos relacionados aos triângulos retângulos já foram estudados anteriormente.

Então, se a = b ou a < b, o problema não tem solução!

II) Se A > 90°, temos um triângulo obtusângulo. C

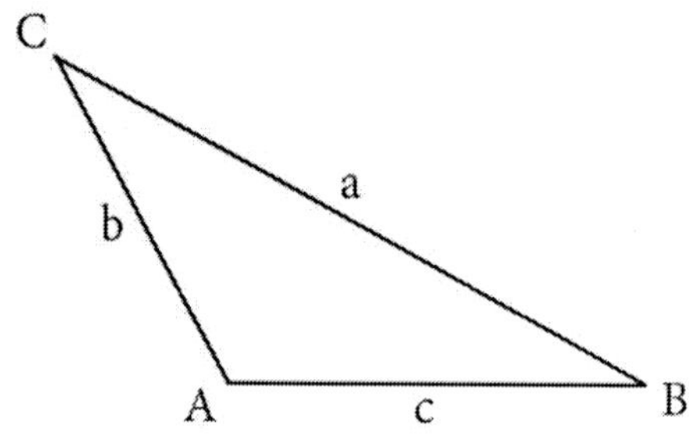

Neste caso, o problema só terá solução se tivermos a > b, tendo em vista que A é o maior ângulo do triângulo, e sabe-se que a ele está oposto o maior lado do triângulo.

Então, se a = b ou a < b, o problema não tem solução!

III) Se A < 90°, o triângulo é acutângulo, e neste caso temos cinco possibilidades a considerar, separadas em três situações:

a) a= b (triângulo isosceles)

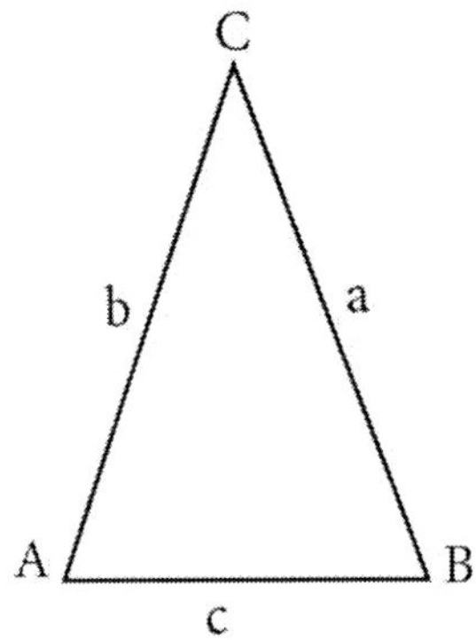

b) a > b

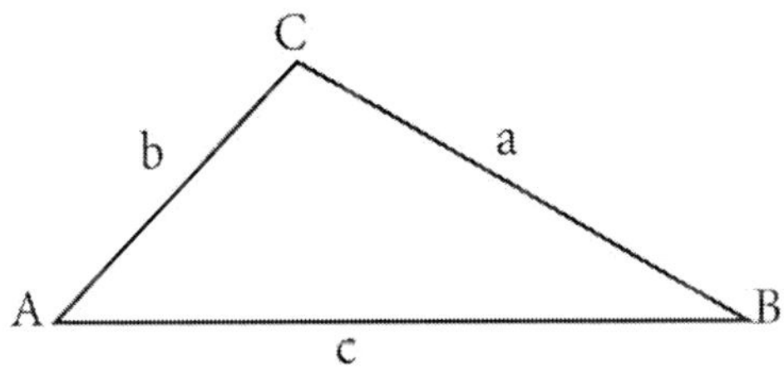

c) a < b: Aqui há três possibilidades:

1) o ângulo B é agudo

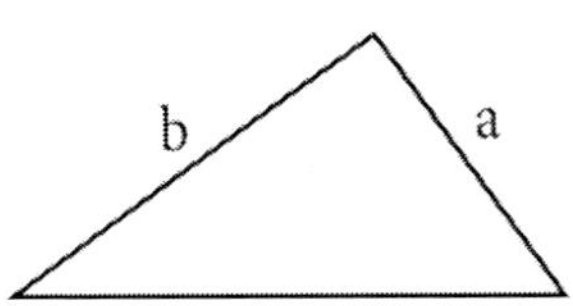

2) O ângulo B é reto

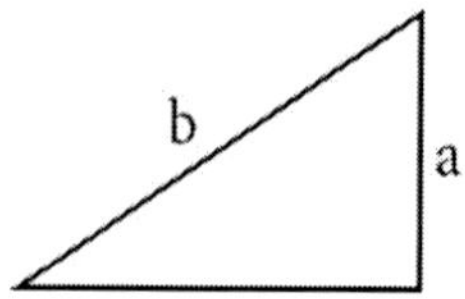

Temos aqui um triângulo retângulo, cujos casos já foram estudados

3) O ângulo B é obtuso

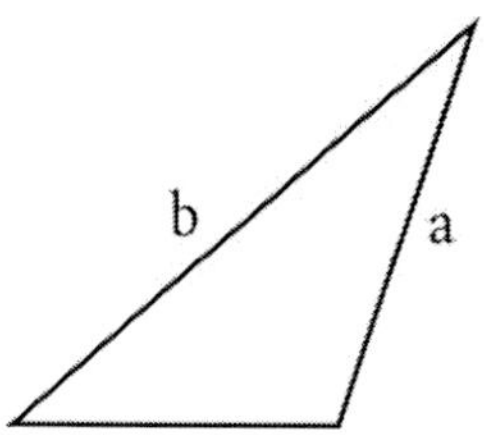

Excetuando as situações que recaem em triângulos retângulos, este **4º caso** pode ser resolvido usando-se a lei dos senos para determinar o ângulo B, a saber, $senB = \frac{b.senA}{a}$. Em seguida, determina-se o ângulo C, lembrando que C = 180 – (B + C). Finalmente determina-se o lado c, observando que

$c = \dfrac{a.senC}{senA}$ e a área do triângulo usando a expressão

$S = \dfrac{1}{2} a \ . \ b \ . \ senC$

Observação: As tábuas fornecem apenas os logaritmos dos ângulos agudos. Nos casos em que um dos ângulos é obtuso, tomaremos o suplemento do ângulo encontrado na tábua, tendo em vista que sen x = sen(180° - x).

7. CONCLUSÃO

Como vimos no desenvolvimento deste trabalho, a resolução de triângulos usando-se tábuas com os valores dos logaritmos das funções trigonométricas é bastante interessante e propicia algumas discussões relevantes. Contudo, devemos considerar que, para os dias de hoje, com a ampla utilização de máquinas de calcular, a resolução desses problemas, por esse método, consiste em um processo muito trabalhoso. Como foi dito na introdução, nosso objetivo era resgatar uma abordagem muito utilizada no passado, com a intenção de enriquecer o conhecimento dos professores de Matemática e dos estudantes dos cursos de Licenciatura em Matemática.

Esperamos ter alcançado nosso objetivo, assim como aguardamos as críticas ou sugestões que possam contribuir para o aperfeiçoamento deste material, as quais serão muito bem recebidas pelo e-mail jrjmatematica@yahoo.com.br.

ANEXOS

ANEXO I: TÁBUA DE LOGARITMOS DOS NÚMEROS

	LOGARITMOS										PARTE PROPORCIONAL								
N	0	1	2	3	4	5	6	7	8	9	1	2	3	4	5	6	7	8	9
10	.0000	.0043	.0086	.0128	.0170	.0212	.0253	.0294	.0334	.0374	4	8	12	17	21	25	29	33	37
11	.0414	.0453	.0492	.0531	.0569	.0607	.0645	.0682	.0719	.0755	4	8	11	15	19	23	26	30	34
12	.0792	.0828	.0864	.0899	.0934	.0969	.1004	.1038	.1072	.1106	3	7	10	14	17	21	24	28	31
13	.1139	.1173	.1206	.1239	.1271	.1303	.1335	.1367	.1399	.1430	3	6	10	13	16	19	23	26	29
14	.1461	.1492	.1523	.1553	.1584	.1614	.1644	.1673	.1703	.1732	3	6	9	12	15	18	21	24	27
15	.1761	.1790	.1818	.1847	.1875	.1903	.1931	.1959	.1987	.2014	3	6	8	11	14	17	20	22	25
16	.2041	.2068	.2095	.2122	.2148	.2175	.2201	.2227	.2253	.2279	3	5	8	11	13	16	18	21	24
17	.2304	.2330	.2355	.2380	.2405	.2430	.2455	.2480	.2504	.2529	2	5	7	10	12	15	17	20	22
18	.2553	.2577	.2601	.2625	.2648	.2672	.2695	.2718	.2742	.2765	2	5	7	9	12	14	16	19	21
19	.2788	.2810	.2833	.2856	.2878	.2900	.2923	.2945	.2967	.2989	2	4	7	9	11	13	16	18	20
20	.3010	.3032	.3054	.3075	.3096	.3118	.3139	.3160	.3181	.3201	2	4	6	8	11	13	15	17	19
21	.3222	.3243	.3263	.3284	.3304	.3324	.3345	.3365	.3385	.3404	2	4	6	8	10	12	14	16	18
22	.3424	.3444	.3464	.3483	.3502	.3522	.3541	.3560	.3579	.3598	2	4	6	8	10	12	14	15	17
23	.3617	.3636	.3655	.3674	.3692	.3711	.3729	.3747	.3766	.3784	2	4	6	7	9	11	13	15	17
24	.3802	.3820	.3838	.3856	.3874	.3892	.3909	.3927	.3945	.3962	2	4	5	7	9	11	12	14	16
25	.3979	.3997	.4014	.4031	.4048	.4065	.4082	.4099	.4116	.4133	2	3	5	7	9	10	12	14	15
26	.4150	.4166	.4183	.4200	.4216	.4232	.4249	.4265	.4281	.4298	2	3	5	7	8	10	11	13	15
27	.4314	.4330	.4346	.4362	.4378	.4393	.4409	.4425	.4440	.4456	2	3	5	6	8	9	11	13	14
28	.4472	.4487	.4502	.4518	.4533	.4548	.4564	.4579	.4594	.4609	2	3	5	6	8	9	11	12	14
29	.4624	.4639	.4654	.4669	.4683	.4698	.4713	.4728	.4742	.4757	1	3	4	6	7	9	10	12	13
30	.4771	.4786	.4800	.4814	.4829	.4843	.4857	.4871	.4886	.4900	1	3	4	6	7	9	10	11	13
31	.4914	.4928	.4942	.4955	.4969	.4983	.4997	.5011	.5024	.5038	1	3	4	6	7	8	10	11	12
32	.5051	.5065	.5079	.5092	.5105	.5119	.5132	.5145	.5159	.5172	1	3	4	5	7	8	9	11	12
33	.5185	.5198	.5211	.5224	.5237	.5250	.5263	.5276	.5289	.5302	1	3	4	5	6	8	9	10	12
34	.5315	.5328	.5340	.5353	.5366	.5378	.5391	.5403	.5416	.5428	1	3	4	5	6	8	9	10	11
35	.5441	.5453	.5465	.5478	.5490	.5502	.5514	.5527	.5539	.5551	1	2	4	5	6	7	9	10	11
36	.5563	.5575	.5587	.5599	.5611	.5623	.5635	.5647	.5658	.5670	1	2	4	5	6	7	8	10	11
37	.5682	.5694	.5705	.5717	.5729	.5740	.5752	.5763	.5775	.5786	1	2	3	5	6	7	8	9	10
38	.5798	.5809	.5821	.5832	.5843	.5855	.5866	.5877	.5888	.5899	1	2	3	5	6	7	8	9	10
39	.5911	.5922	.5933	.5944	.5955	.5966	.5977	.5988	.5999	.6010	1	2	3	4	5	7	8	9	10
40	.6021	.6031	.6042	.6053	.6064	.6075	.6085	.6096	.6107	.6117	1	2	3	4	5	6	8	9	10
41	.6128	.6138	.6149	.6160	.6170	.6180	.7191	.6201	.6212	.6222	1	2	3	4	5	6	7	8	9
42	.6232	.6243	.6253	.6263	.6274	.6284	.6204	.6304	.6314	.6325	1	2	3	4	5	6	7	8	9
43	.6335	.6345	.6355	.6365	.6375	.6385	.6395	.6405	.6415	.6425	1	2	3	4	5	6	7	8	9
44	.6435	.6444	.6454	.6464	.6474	.6484	.6493	.6503	.6513	.6522	1	2	3	4	5	6	7	8	9
45	.6532	.6542	.6551	.6561	.6571	.6580	.6590	.6599	.6609	.6618	1	2	3	4	5	6	7	8	9
46	.6628	.6637	.6646	.6656	.6665	.6675	.6684	.6693	.6702	.6712	1	2	3	4	5	6	7	7	8
47	.6721	.6730	.6739	.6749	.6758	.6767	.6776	.6785	.6794	.6803	1	2	3	4	5	5	6	7	8
48	.6812	.6821	.6830	.6839	.6848	.6857	.6866	.6875	.6884	.6893	1	2	3	4	4	5	6	7	8
49	.6902	.6911	.6920	.6928	.6937	.6946	.6955	.6964	.6972	.6981	1	2	3	4	4	5	6	7	8
50	.6990	.6998	.7007	.7016	.7024	.7033	.7042	.7050	.7059	.7067	1	2	3	3	4	5	6	7	8
51	.7076	.7084	.7093	.7101	.7110	.7118	.7126	.7135	.7143	.7152	1	2	3	3	4	5	6	7	8
52	.7160	.7168	.7177	.7185	.7193	.7202	.7210	.7218	.7226	.7235	1	2	2	3	4	5	6	7	7
53	.7243	.7251	.7259	.7267	.7275	.7284	.7292	.7300	.7308	.7316	1	2	2	3	4	5	6	6	7
54	.7324	.7332	.7340	.7348	.7356	.7364	.7372	.7380	.7388	.7396	1	2	2	3	4	5	6	6	7

	LOGARITMOS										PARTE PROPORCIONAL								
N	0	1	2	3	4	5	6	7	8	9	1	2	3	4	5	6	7	8	9
55	.7404	.7412	.7419	.7427	.7435	.7443	.7451	.7459	.7466	.7474	1	2	2	3	4	5	5	6	7
56	.7482	.7490	.7497	.7505	.7513	.7520	.7528	.7536	.7543	.7551	1	2	2	3	4	5	5	6	7
57	.7559	.7566	.7574	.7582	.7589	.7597	.7604	.7612	.7619	.7627	1	2	2	3	4	5	5	6	7
58	.7634	.7642	.7649	.7657	.7664	.7672	.7679	.7686	.7694	.7701	1	1	2	3	4	4	5	6	7
59	.7709	.7716	.7723	.7731	.7738	.7745	.7752	.7760	.7767	.7774	1	1	2	3	4	4	5	6	7
60	.7782	.7789	.7796	.7803	.7810	.7818	.7825	.7832	.7839	.7846	1	1	2	3	4	4	5	6	6
61	.7853	.7860	.7868	.7875	.7882	.7889	.7896	.7903	.7910	.7917	1	1	2	3	4	4	5	6	6
62	.7924	.7931	.7938	.7945	.7952	.7959	.7966	.7973	.7980	.7987	1	1	2	3	3	4	5	6	6
63	.7993	.8000	.8007	.8014	.8021	.8028	.8035	.8041	.8048	.8055	1	1	2	3	3	4	5	5	6
64	.8062	.8069	.8075	.8082	.8089	.8096	.8102	.8109	.8116	.8122	1	1	2	3	3	4	5	5	6
65	.8129	.8136	.8142	.8149	.8156	.8162	.8169	.8176	.8182	.8189	1	1	2	3	3	4	5	5	6
66	.8195	.8202	.8209	.8215	.8222	.8228	.8235	.8241	.8248	.8254	1	1	2	3	3	4	5	5	6
67	.8261	.8267	.8274	.8280	.8287	.8293	.8299	.8306	.8312	.8319	1	1	2	3	3	4	5	5	6
68	.8325	.8331	.8338	.8344	.8351	.8357	.8363	.8370	.8376	.8382	1	1	2	3	3	4	4	5	6
69	.8388	.8395	.8401	.8407	.8414	.8420	.8426	.8432	.8439	.8445	1	1	2	2	3	4	4	5	6
70	.8451	.8457	.8463	.8470	.8476	.8482	.8488	.8494	.8500	.8506	1	1	2	2	3	4	4	5	6
71	.8513	.8519	.8525	.8531	.8537	.8543	.8549	.8555	.8561	.8567	1	1	2	2	3	4	4	5	5
72	.8573	.8579	.8585	.8591	.8597	.8603	.8609	.8615	.8621	.8627	1	1	2	2	3	4	4	5	5
73	.8633	.8639	.8645	.8651	.8657	.8663	.8669	.8675	.8681	.8686	1	1	2	2	3	4	5	4	5
74	.8692	.8698	.8704	.8710	.8716	.8722	.8727	.8733	.8739	.8745	1	1	2	2	3	4	4	5	5
75	.8751	.8756	.8762	.8768	.8774	.8779	.8785	.8791	.8797	.8802	1	1	2	2	3	3	4	5	5
76	.8808	.8814	.8820	.8825	.8831	.8837	.8842	.8848	.8854	.8859	1	1	2	2	3	3	4	5	5
77	.8865	.8871	.8876	.8882	.8887	.8893	.8899	.8904	.8910	.8915	1	1	2	2	3	3	4	4	5
78	.8921	.8927	.8932	.8938	.8943	.8949	.8954	.8960	.8965	.8971	1	1	2	2	3	3	4	4	5
79	.8976	.8982	.8987	.8993	.8998	.9004	.9009	.9015	.9020	.9025	1	1	2	2	3	3	4	4	5
80	.9031	.9036	.9042	.9047	.9053	.9058	.9063	.9069	.9074	.9079	1	1	2	2	3	3	4	4	5
81	.9085	.9090	.9096	.9101	.9106	.9112	.9117	.9122	.9128	.9133	1	1	2	2	3	3	4	4	5
82	.9138	.9143	.9149	.9154	.9159	.9165	.9170	.9175	.9180	.9186	1	1	2	2	3	3	4	4	5
83	.9191	.9196	.9201	.9206	.9212	.9217	.9222	.9227	.9232	.9328	1	1	2	2	3	3	4	4	5
84	.9243	.9248	.9253	.9258	.9263	.9269	.9274	.9279	.9284	.9289	1	1	2	2	3	3	4	4	5
85	.9294	.9299	.9304	.9309	.9315	.9320	.9325	.9330	.9335	.9340	1	1	2	2	3	3	4	4	5
86	.9345	.9350	.9455	.9360	.9365	.9370	.9375	.9380	.9385	.9390	1	1	2	2	3	3	4	4	5
87	.9395	.9400	.9405	.9410	.9415	.9420	.9425	.9430	.9435	.9440	0	1	1	2	2	3	3	4	4
88	.9445	.9450	.9455	.9460	.9465	.9469	.9474	.9479	.9484	.9489	0	1	1	2	2	3	3	4	4
89	.9494	.9499	.9504	.9509	.9513	.9518	.9523	.9528	.9533	.9538	0	1	1	2	2	3	3	4	4
90	.9542	.9547	.9552	.9557	.9562	.9566	.9571	.9576	.9581	.9586	0	1	1	2	2	3	3	4	4
91	.9590	.9595	.9600	.9605	.9609	.9614	.9619	.9624	.9628	.9633	0	1	1	2	2	3	3	3	4
92	.9638	.9643	.9647	.9652	.9657	.9661	.9666	.9671	.9675	.9680	0	1	1	2	2	3	3	4	4
93	.9685	.9689	.9694	.9699	.9703	.9708	.9713	.9717	.9722	.9727	0	1	1	2	2	3	3	4	4
94	.9731	.9736	.9741	.9745	.9750	.9754	.9759	.9763	.9768	.9773	0	1	1	2	2	3	3	4	4
95	.9777	.9782	.9786	.9791	.9795	.9800	.9805	.9809	.9814	.9818	0	1	1	2	2	3	3	4	4
96	.9823	.9827	.9832	.9836	.9841	.9845	.9850	.9854	.9859	.9863	0	1	1	2	2	3	3	4	4
97	.9868	.9872	.9877	.9881	.9886	.9890	.9894	.9899	.9903	.9908	0	1	1	2	2	3	3	4	4
98	.9912	.9917	.9921	.9926	.9930	.9934	.9939	.9943	.9948	.9952	0	1	1	2	2	3	3	4	4
99	.9956	.9961	.9965	.9969	.9974	.9978	.9983	.9987	.9991	.9996	0	1	1	2	2	3	3	3	4

ANEXO II: TÁBUA DE LOGARITMOS DAS FUNÇÕES TRIGONOMÉTRICAS

0° a 5°										85° a 90°
°	'	sen	dl'	tan	dcl'	cot	cos	dl'		
0	0						0,0000		0	90
	10	$\bar{3}$,4637	301,1	$\bar{3}$,4637	301,1	2,5363	0000	,0	50	
	20	7648	176,0	7648	176,1	2352	0000	,0	40	
	30	9408	125,0	9409	124,9	0591	0000	,0	30	
	40	$\bar{2}$,0658	96,9	$\bar{2}$,0658	96,9	1,9342	0000	,0	20	
	50	1627	79,2	1627	79,2	8373	0000	,1	10	
1	0	$\bar{2}$,2419	66,9	$\bar{2}$,2419	67,0	1,7581	$\bar{1}$,9999	,0	0	89
	10	3088	58,0	3089	58,0	6911	9999	,0	50	
	20	3668	51,1	3669	51,2	6331	9999	,0	40	
	30	4179	45,8	4181	45,7	5819	9999	,1	30	
	40	4637	41,3	4638	41,5	5362	9998	,0	20	
	50	$\bar{2}$,5050	37,8	$\bar{2}$,5053	37,8	1,4947	$\bar{1}$,9998	,1	10	
2	0	$\bar{2}$,5428	34,8	$\bar{2}$,5431	34,8	1,4569	$\bar{1}$,9997	,0	0	88
	10	5776	32,1	5779	32,2	4221	9997	,1	50	
	20	6097	30,0	6101	30,0	3899	9996	,0	40	
	30	6397	28,0	6401	28,1	3599	9996	,1	30	
	40	6677	26,3	6682	26,3	3318	9995	,0	20	
	50	$\bar{2}$,6940	24,8	$\bar{2}$,6945	24,9	1,3055	$\bar{1}$,9995	,1	10	
3	0	$\bar{2}$,7188	23,5	$\bar{2}$,7194	23,5	1,2806	$\bar{1}$,9994	,1	0	87
	10	7423	22,2	7429	22,3	2571	9993	,0	50	
	20	7645	21,2	7652	21,3	2348	9993	,1	40	
	30	7857	20,2	7865	20,2	2135	9992	,1	30	
	40	8059	19,2	8067	19,4	1933	9991	,1	20	
	50	$\bar{2}$,8251	18,5	$\bar{2}$,8261	18,5	1,1739	$\bar{1}$,9990	,1	10	
4	0	$\bar{2}$,8436	17,7	$\bar{2}$,8446	17,8	1,1554	$\bar{1}$,9989	,0	0	86
	10	8613	17,0	8624	17,1	1376	9989	,1	50	
	20	8783	16,3	8795	16,5	1205	9988	,1	40	
	30	8946	15,8	8960	15,8	1040	9987	,1	30	
	40	9104	15,2	9118	15,4	0882	9986	,1	20	
	50	$\bar{2}$,9256	14,7	$\bar{2}$,9272	14,8	1,0728	$\bar{1}$,9985	,2	10	
5	0	$\bar{2}$,9403		$\bar{2}$,9420		1,0580	$\bar{1}$,9983		0	85
		cos	dl'	cot	dcl'	tan	sen	dl'	'	°

10″ — 0,17; 20″ — 0,33; 30″ — 0,50; 40″ — 0,67; 50″ — 0,83

5° a 10°									80° a 85°	
°	′	sen	dl′	tan	dcl′	cot	cos	dl′		
5	0	$\bar{2}$,9403	14,2	$\bar{2}$,9420	14,3	1,0580	$\bar{1}$,9983	,1	0	85
	10	9545	13,7	9563	13,8	0437	9982	,1	50	
	20	9682	13,4	9701	13,5	0299	9981	,1	40	
	30	9816	12,9	9836	13,0	0164	9980	,1	30	
	40	9945	12,5	9966	12,7	0034	9979	,2	20	
	50	$\bar{1}$,0070	12,2	$\bar{1}$,0093	12,3	0,9907	$\bar{1}$,9977	,1	10	
6	0	$\bar{1}$,0192	11,9	$\bar{1}$,0216	12,0	0,9784	$\bar{1}$,9976	,1	0	84
	10	0311	11,5	0336	11,7	9664	9975	,2	50	
	20	0426	11,3	0453	11,4	9547	9973	,1	40	
	30	0539	10,9	0567	11,1	9433	9972	,1	30	
	40	0648	10,7	0678	10,8	9322	9971	,2	20	
	50	$\bar{1}$,0755	10,4	$\bar{1}$,0786	10,5	0,9214	$\bar{1}$,9969	,1	10	
7	0	$\bar{1}$,0859	10,2	$\bar{1}$,0891	10,4	0,9109	$\bar{1}$,9968	,2	0	83
	10	0961	9,9	0995	10,1	9005	9966	,2	50	
	20	1060	9,7	1096	9,8	8904	9964	,1	40	
	30	1157	9,5	1194	9,7	8806	9963	,2	30	
	40	1252	9,3	1291	9,4	8709	9961	,2	20	
	50	$\bar{1}$,1345	9,1	$\bar{1}$,1385	9,3	0,8615	$\bar{1}$,9959	,1	10	
8	0	$\bar{1}$,1436	8,9	$\bar{1}$,1478	9,1	0,8522	$\bar{1}$,9958	,2	0	82
	10	1525	8,7	1569	8,9	8431	9956	,2	50	
	20	1612	8,5	1658	8,7	8342	9954	,2	40	
	30	1697	8,4	1745	8,6	8255	9952	,2	30	
	40	1781	8,2	1831	8,4	8169	9950	,2	20	
	50	$\bar{1}$,1863	8,0	$\bar{1}$,1915	8,2	0,8085	$\bar{1}$,9948	,2	10	
9	0	$\bar{1}$,1943	7,9	$\bar{1}$,1997	8,1	0,8003	$\bar{1}$,9946	,2	0	81
	10	2022	7,8	2078	8,0	7922	9944	,2	50	
	20	2100	7,6	2158	7,8	7842	9942	,2	40	
	30	2176	7,5	2236	7,7	7764	9940	,2	30	
	40	2251	7,3	2313	7,6	7687	9938	,2	20	
	50	$\bar{1}$,2324	7,3	$\bar{1}$,2389	7,4	0,7611	$\bar{1}$,9936	,2	10	
10	0	$\bar{1}$,2397		$\bar{1}$,2463		0,7537	$\bar{1}$,9934		0	80
		cos	dl′	cot	dcl′	tan	sen	dl′	′	°

10″ — 0,17; 20″ — 0,33; 30″ — 0,50; 40″ — 0,67; 50″ — 0,83

10° a 15° | **75° a 80°**

°	′	sen	dl′	tan	dcl′	cot	cos	dl′		
10	0	$\bar{1}$,2397	7,1	$\bar{1}$,2463	7,3	0,7537	$\bar{1}$,9934	,3	0	80
	10	2468	7,0	2536	7,3	7464	9931	,2	50	
	20	2538	6,8	2609	7,1	7391	9929	,2	40	
	30	2606	6,8	2680	7,0	7320	9927	,3	30	
	40	2674	6,6	2750	6,9	7250	9924	,2	20	
	50	$\bar{1}$,2740	6,6	$\bar{1}$,2819	6,8	0,7181	$\bar{1}$,9922	,3	10	
11	0	$\bar{1}$,2806	6,4	$\bar{1}$,2887	6,6	0,7113	$\bar{1}$,9919	,2	0	79
	10	2870	6,4	2953	6,7	7047	9917	,3	50	
	20	2934	6,3	3020	6,5	6980	9914	,2	40	
	30	2997	6,1	3085	6,4	6915	9912	,3	30	
	40	3058	6,1	3149	6,3	6851	9909	,2	20	
	50	$\bar{1}$,3119	6,0	$\bar{1}$,3212	6,3	0,6788	$\bar{1}$,9907	,3	10	
12	0	$\bar{1}$,3179	5,9	$\bar{1}$,3275	6,1	0,6725	$\bar{1}$,9904	,3	0	78
	10	3238	5,8	3336	6,1	6664	9901	,2	50	
	20	3296	5,7	3397	6,1	6603	9899	,3	40	
	30	3353	5,7	3458	5,9	6542	9896	,3	30	
	40	3410	5,6	3517	5,9	6483	9893	,3	20	
	50	$\bar{1}$,3466	5,5	$\bar{1}$,3576	5,8	0,6424	$\bar{1}$,9890	,3	10	
13	0	$\bar{1}$,3521	5,4	$\bar{1}$,3634	5,7	0,6366	$\bar{1}$,9887	,3	0	77
	10	3575	5,4	3691	5,7	6309	9884	,3	50	
	20	3629	5,3	3748	5,6	6252	9881	3,	40	
	30	3682	5,2	3804	5,5	6196	9878	,3	30	
	40	3734	5,2	3859	5,5	6141	9875	,3	20	
	50	$\bar{1}$,3786	5,1	$\bar{1}$,3914	5,4	0,6086	$\bar{1}$,9872	,3	10	
14	0	$\bar{1}$,3837	5,0	$\bar{1}$,3968	5,3	0,6032	$\bar{1}$,9869	,3	0	76
	10	3887	5,0	4021	5,3	5979	9866	,3	50	
	20	3937	4,9	4074	5,3	5926	9863	,4	40	
	30	3986	4,9	4127	5,1	5873	9859	,3	30	
	40	4035	4,8	4178	5,2	5822	9856	,3	20	
	50	$\bar{1}$,4083	4,7	$\bar{1}$,4230	5,1	0,5770	$\bar{1}$,9853	,4	10	
15	0	$\bar{1}$,4130		$\bar{1}$,4281		0,5719	$\bar{1}$,9849		0	75
		cos	dl′	cot	dcl′	tan	sen	dl′	′	°

10″ — 0,17; 20″ — 0,33; 30″ — 0,50; 40″ — 0,67; 50″ — 0,83

15° a 20°									70° a 75°	
°	′	sen	dl′	tan	dcl′	cot	cos	dl′		
15	0	$\bar{1}$,4130	4,7	$\bar{1}$,4281	5,0	0,5719	$\bar{1}$,9849	,3	0	75
	10	4177	4,6	4331	5,0	5669	9846	,3	50	
	20	4223	4,6	4381	4,9	5619	9843	,4	40	
	30	4269	4,5	4430	4,9	5570	9839	,3	30	
	40	4314	4,5	4479	4,8	5521	9836	,4	20	
	50	$\bar{1}$,4359	4,4	$\bar{1}$,4527	4,8	0,5473	$\bar{1}$,9832	,4	10	
16	0	$\bar{1}$,4403	4,4	$\bar{1}$,4575	4,7	0,5425	$\bar{1}$,9828	,3	0	74
	10	4447	4,4	4622	4,7	5378	9825	,4	50	
	20	4491	4,2	4669	4,7	5331	9821	,4	40	
	30	4533	4,3	4716	4,6	5284	9817	,3	30	
	40	4576	4,2	4762	4,6	5238	9814	,4	20	
	50	$\bar{1}$,4618	4,1	$\bar{1}$,4808	4,5	0,5192	$\bar{1}$,9810	,4	10	
17	0	$\bar{1}$,4659	4,1	$\bar{1}$,4853	4,5	0,5147	$\bar{1}$,9806	,4	0	73
	10	4700	4,1	4898	4,5	5102	9802	,4	50	
	20	4741	4,0	4943	4,4	5057	9798	,4	40	
	30	4781	4,0	4987	4,4	5013	9794	,4	30	
	40	4821	4,0	5031	4,4	4969	9790	,4	20	
	50	$\bar{1}$,4861	3,9	$\bar{1}$,5075	4,3	0,4925	$\bar{1}$,9786	,4	10	
18	0	$\bar{1}$,4900	3,9	$\bar{1}$,5118	4,3	0,4882	$\bar{1}$,9782	,4	0	72
	10	4939	3,8	5161	4,2	4839	9778	,4	50	
	20	4977	3,8	5203	4,2	4797	9774	,4	40	
	30	5015	3,7	5245	4,2	4755	9770	,5	30	
	40	5052	3,8	5287	4,2	4713	9765	,4	20	
	50	$\bar{1}$,5090	3,6	$\bar{1}$,5329	4,1	0,4671	$\bar{1}$,9761	,4	10	
19	00	$\bar{1}$,5126	3,7	$\bar{1}$,5370	4,1	0,4630	$\bar{1}$,9757	,5	0	71
	10	5163	3,6	5411	4,0	4589	9752	,4	50	
	20	5199	3,6	5451	4,0	4549	9748	,5	40	
	30	5235	3,5	5491	4,0	4509	9743	,4	30	
	40	5270	3,6	5531	4,0	4469	9739	,5	20	
	50	$\bar{1}$,5306	3,5	$\bar{1}$,5571	4,0	0,4429	$\bar{1}$,9734	,4	10	
20	0	$\bar{1}$,5341		$\bar{1}$,5611		0,4389	$\bar{1}$,9730		0	70
		cos	dl′	cot	dcl′	tan	sen	dl′	′	°

10″ — 0,17; 20″ — 0,33; 30″ — 0,50; 40″ — 0,67; 50″ — 0,83

20° a 25°										**65° a 70°**
°	′	sen	dl′	tan	dcl′	cot	cos	dl′		
20	0	$\bar{1}$,5341	3,4	$\bar{1}$,5611	3,9	0,4389	$\bar{1}$,9730	,5	0	70
	10	5375	3,4	5650	3,9	4350	9725	,4	50	
	20	5409	3,4	5689	3,8	4311	9721	,5	40	
	30	5443	3,4	5727	3,9	4273	9716	,5	30	
	40	5477	3,3	5766	3,8	4234	9711	,5	20	
	50	$\bar{1}$,5510	3,3	$\bar{1}$,5804	3,8	0,4196	$\bar{1}$,9706	,4	10	
21	0	$\bar{1}$,5543	3,3	$\bar{1}$,5842	3,7	0,4158	$\bar{1}$,9702	,5	0	69
	10	5576	3,3	5879	3,8	4121	9697	,5	50	
	20	5609	3,2	5917	3,7	4083	9692	,5	40	
	30	5641	3,2	5954	3,7	4046	9687	,5	30	
	40	5673	3,1	5991	3,7	4009	9682	,5	20	
	50	$\bar{1}$,5704	3,2	$\bar{1}$,6028	3,6	0,3972	$\bar{1}$,9677	5,	10	
22	0	$\bar{1}$,5736	3,1	$\bar{1}$,6064	3,6	0,3936	$\bar{1}$,9672	,5	0	68
	10	5767	3,1	6100	3,6	3900	9667	,6	50	
	20	5798	3,0	6136	3,6	3864	9661	,5	40	
	30	5828	3,1	6172	3,6	3828	9656	,5	30	
	40	5859	3,0	6208	3,5	3792	9651	,5	20	
	50	$\bar{1}$,5889	3,0	$\bar{1}$,6243	3,6	0,3757	$\bar{1}$,9646	,6	10	
23	0	$\bar{1}$,5919	2,9	$\bar{1}$,6279	3,5	0,3721	$\bar{1}$,9640	,5	0	67
	10	5948	3,0	6314	3,4	3686	9635	,6	50	
	20	5978	2,9	6348	3,5	3652	9629	,5	40	
	30	6007	2,9	6383	3,4	3617	9624	,6	30	
	40	6036	2,9	6417	3,5	3583	9618	,5	20	
	50	$\bar{1}$,6065	2,8	$\bar{1}$,6452	3,4	0,3548	$\bar{1}$,9613	,6	10	
24	0	$\bar{1}$,6093	2,8	$\bar{1}$,6486	3,4	0,3514	$\bar{1}$,9607	,5	0	66
	10	6121	2,8	6520	3,3	3480	9602	,6	50	
	20	6149	2,8	6553	3,4	3447	9596	,6	40	
	30	6177	2,8	6587	3,3	3413	9590	,6	30	
	40	6205	2,7	6620	3,4	3380	9584	,5	20	
	50	$\bar{1}$,6232	2,7	$\bar{1}$,6654	3,3	0,3346	$\bar{1}$,9579	,6	10	
25	0	$\bar{1}$,6259		$\bar{1}$,6687		0,3313	$\bar{1}$,9573		0	65
		cos	dl′	cot	dcl′	tan	sen	dl′	′	°

10″ — 0,17; 20″ — 0,33; 30″ — 0,50; 40″ — 0,67; 50″ — 0,83

30° a 35° **55° a 60°**

°	′	sen	dl′	tan	del′	cot	cos	dl′		
30	0	$\bar{1}$,6990	2,2	$\bar{1}$,7614	3,0	0,2386	$\bar{1}$,9375	,7	0	60
	10	7012	2,1	7644	2,9	2356	9368	,7	50	
	20	7033	2,2	7673	2,8	2327	9361	,8	40	
	30	7055	2,1	7701	2,9	2299	9353	,7	30	
	40	7076	2,1	7730	2,9	2270	9346	,8	20	
	50	$\bar{1}$,7097	2,1	$\bar{1}$,7759	2,9	0,2241	$\bar{1}$,9338	,7	10	
31	0	$\bar{1}$,7118	2,1	$\bar{1}$,7788	2,8	0,2212	$\bar{1}$,9331	,8	0	59
	10	7139	2,1	7816	2,9	2184	9323	,8	50	
	20	7160	2,1	7845	2,8	2155	9315	,7	40	
	30	7181	2,0	7873	2,9	2127	9308	,8	30	
	40	7201	2,1	7902	2,8	2098	9300	,8	20	
	50	$\bar{1}$,7222	2,0	$\bar{1}$,7930	2,8	0,2070	$\bar{1}$,9292	,8	10	
32	0	$\bar{1}$,7242	2,0	$\bar{1}$,7958	2,8	0,2042	$\bar{1}$,9284	,8	0	58
	10	7262	2,0	7986	2,8	2014	9276	,8	50	
	20	7282	2,0	8014	2,8	1986	9268	,8	40	
	30	7302	2,0	8042	2,8	1958	9260	,8	30	
	40	7322	2,0	8070	2,7	1930	9252	,8	20	
	50	$\bar{1}$,7342	1,9	$\bar{1}$,8097	2,8	0,1903	$\bar{1}$,9244	,8	10	
33	0	$\bar{1}$,7361	1,9	$\bar{1}$,8125	2,8	0,1875	$\bar{1}$,9236	,8	0	57
	10	7380	2,0	8153	2,7	1847	9228	,9	50	
	20	7400	1,9	8180	2,8	1820	9219	,8	40	
	30	7419	1,9	8208	2,7	1792	9211	,8	30	
	40	7438	1,9	8235	2,8	1765	9203	,9	20	
	50	$\bar{1}$,7457	1,9	$\bar{1}$,8263	2,7	0,1737	$\bar{1}$,9194	,8	10	
34	0	$\bar{1}$,7476	1,8	$\bar{1}$,8290	2,7	0,1710	$\bar{1}$,9186	,9	0	56
	10	7494	1,9	8317	2,7	1683	9177	,8	50	
	20	7513	1,8	8344	2,7	1656	9169	,9	40	
	30	7531	1,9	8371	2,7	1629	9160	,9	30	
	40	7550	1,8	8398	2,7	1602	9151	,9	20	
	50	$\bar{1}$,7568	1,8	$\bar{1}$,8425	2,7	0,1575	$\bar{1}$,9142	,8	10	
35	0	$\bar{1}$,7586		$\bar{1}$,8452		0,1548	$\bar{1}$,9134		0	55
		cos	dl′	cot	del′	tan	sen	dl′	′	°

10″ — 0,17; 20″ — 0,33; 30″ — 0,50; 40″ — 0,67; 50″ — 0,83

35° a 40°										**50° a 55°**
°	′	sen	dl′	tan	dcl′	cot	cos	dl′		
35	0	$\bar{1}$,7586	1,8	$\bar{1}$,8452	2,7	0,1548	$\bar{1}$,9134	,9	0	55
	10	7604	1,8	8479	2,7	1521	9125	,9	50	
	20	7622	1,8	8506	2,7	1494	9116	,9	40	
	30	7640	1,7	8533	2,6	1467	9107	,9	30	
	40	7657	1,8	8559	2,7	1441	9098	,9	20	
	50	$\bar{1}$,7675	1,7	$\bar{1}$,8586	2,7	0,1414	$\bar{1}$,9089	,9	10	
36	0	$\bar{1}$,7692	1,8	$\bar{1}$,8613	2,6	0,1387	$\bar{1}$,9080	1,0	0	54
	10	7710	1,7	8639	2,7	1361	9070	,9	50	
	20	7727	1,7	8666	2,6	1334	9061	,9	40	
	30	7744	1,7	8692	2,6	1308	9052	1,0	30	
	40	7761	1,7	8718	2,7	1282	9042	,9	20	
	50	$\bar{1}$,7778	1,7	$\bar{1}$,8745	2,6	0,1255	$\bar{1}$,9033	1,0	10	
37	0	$\bar{1}$,7795	1,6	$\bar{1}$,8771	2,6	0,1229	$\bar{1}$,9023	,9	0	53
	10	7811	1,7	8797	2,7	1203	9014	1,0	50	
	20	7828	1,6	8824	2,6	1176	9004	,9	40	
	30	7844	1,7	8850	2,6	1150	8995	1,0	30	
	40	7861	1,6	8876	2,6	1124	8985	1,0	20	
	50	$\bar{1}$,7877	1,6	$\bar{1}$,8902	2,6	0,1098	$\bar{1}$,8975	1,0	10	
38	0	$\bar{1}$,7893	1,7	$\bar{1}$,8928	2,6	0,1072	$\bar{1}$,8965	1,0	0	52
	10	7910	1,6	8954	2,6	1046	8955	1,0	50	
	20	7926	1,5	8980	2,6	1020	8945	1,0	40	
	30	7941	1,6	9006	2,6	0994	8935	1,0	30	
	40	7957	1,6	9032	2,6	0968	8925	1,0	20	
	50	$\bar{1}$,7973	1,6	$\bar{1}$,9058	2,6	0,0942	$\bar{1}$,8915	1,0	10	
39	0	$\bar{1}$,7989	1,5	$\bar{1}$,9084	2,6	0,0916	$\bar{1}$,8905	1,0	0	51
	10	8004	1,6	9110	2,5	0890	8895	1,1	50	
	20	8020	1,5	9135	2,6	0865	8884	1,0	40	
	30	8035	1,5	9161	2,6	0839	8874	1,0	30	
	40	8050	1,6	9187	2,5	0813	8864	1,1	20	
	50	$\bar{1}$,8066	1,5	$\bar{1}$,9212	2,6	0,0788	$\bar{1}$,8853	1,0	10	
40	0	$\bar{1}$,8081		$\bar{1}$,9238		0,0762	$\bar{1}$,8843		0	50
		cos	ll′	cot	dcl′	tan	sen	dl′	′	°

10″ — 0,17; 20′ — 0,33; 30″ — 0,50; 40″ — 0,67; 50″ — 0,83

40° a 45° **45° a 50°**

°	'	sen	dl'	tan	dcl'	cot	cos	dl'	'	°
40	0	$\bar{1}$,8081	1,5	$\bar{1}$,9238	2,6	0,0762	$\bar{1}$,8843	1,1	0	50
	10	8096	1,5	9264	2,5	0736	8832	1,1	50	
	20	8111	1,4	9289	2,6	0711	8821	1,1	40	
	30	8125	1,5	9315	2,6	0685	8810	1,0	30	
	40	8140	1,5	9341	2,5	0659	8800	1,1	20	
	50	$\bar{1}$,8155	1,4	$\bar{1}$,9366	2,6	0,0634	$\bar{1}$,8789	1,1	10	
41	0	$\bar{1}$,8169	1,5	$\bar{1}$,9392	2,5	0,0608	$\bar{1}$,8778	1,1	0	49
	10	8184	1,4	9417	2,6	0583	8767	1,1	50	
	20	8198	1,5	9443	2,5	0557	8756	1,1	40	
	30	8213	1,4	9468	2,6	0532	8745	1,2	30	
	40	8227	1,4	9494	2,5	0506	8733	1,1	20	
	50	$\bar{1}$,8241	1,4	$\bar{1}$,9519	2,5	0,0481	$\bar{1}$,8722	1,1	10	
42	0	$\bar{1}$,8255	1,4	$\bar{1}$,9544	2,6	0,0456	$\bar{1}$,8711	1,2	0	48
	10	8269	1,4	9570	2,5	0430	8699	1,1	50	
	20	8283	1,4	9595	2,6	0405	8688	1,2	40	
	30	8297	1,4	9621	2,5	0379	8676	1,1	30	
	40	8311	1,3	9646	2,5	0354	8665	1,2	20	
	50	$\bar{1}$,8324	1,4	$\bar{1}$,9671	2,6	0,0329	$\bar{1}$,8653	1,2	10	
43	0	$\bar{1}$,8338	1,3	$\bar{1}$,9697	2,5	0,0303	$\bar{1}$,8641	1,2	0	47
	10	8351	1,4	9722	2,5	0278	8629	1,1	50	
	20	8365	1,3	9747	2,5	0253	8618	1,2	40	
	30	8378	1,3	9772	2,6	0228	8606	1,2	30	
	40	8391	1,4	9798	2,5	0202	8594	1,2	20	
	50	$\bar{1}$,8405	1,3	$\bar{1}$,9823	2,5	0,0177	$\bar{1}$,8582	1,3	10	
44	0	$\bar{1}$,8418	1,3	$\bar{1}$,9848	2,6	0,0152	$\bar{1}$,8569	1,2	0	46
	10	8431	1,3	9874	2,5	0126	8557	1,2	50	
	20	8444	1,3	9899	2,5	0101	8545	1,3	40	
	30	8457	1,2	9924	2,5	0076	8532	1,2	30	
	40	8469	1,3	9949	2,6	0051	8520	1,3	20	
	50	$\bar{1}$,8482	1,3	$\bar{1}$,9975	2,5	0,0025	$\bar{1}$,8507	1,2	10	
45	0	$\bar{1}$,8495		0,0000		0,0000	$\bar{1}$,8495		0	45
		cos	dl'	cot	dcl'	tan	sen	dl'	'	°

10″ — 0,17; 20″ — 0,33; 30″ — 0,50; 40″ — 0,67; 50″ — 0,83

Impressão e acabamento
Gráfica da Editora Ciência Moderna Ltda.
Tel: (21) 2201-6662